城 镇 建 筑
景 观 与 环 境

Architecture, Landscape and Environment of Cities and Towns

韩伟强 ◎ 著

U0351208

大连理工大学出版社

Dalian University of Technology Press

图书在版编目（CIP）数据

城镇建筑景观与环境 / 韩伟强著. -- 大连 : 大连
理工大学出版社, 2014.8
　　ISBN 978-7-5611-9169-9

　　Ⅰ.①城… Ⅱ.①韩… Ⅲ.①城市规划 – 景观设计②
城市规划 – 环境设计 Ⅳ.①TU-856

　　中国版本图书馆CIP数据核字(2014)第103770号

出版发行：大连理工大学出版社
　　　　　（地址：大连市软件园路80号 邮编：116023）
印　　　刷：利丰雅高印刷（深圳）有限公司
幅面尺寸：152mm × 228mm
印　　张：6
字　　数：124千字
出版时间：2014年8月第1版
印刷时间：2014年8月第1次印刷
策划编辑：苗慧珠
责任编辑：金英伟
责任校对：张　娜
版式设计：王小英
封面设计：季　强

ISBN 978-7-5611-9169-9
定　　价：98.00元

发行部电话：0411-84708842
发行部传真：0411-84701466
邮购部电话：0411-84708943
E-mail:landscape@dutp.cn
http://www.landscapedesign.net.cn

前 言

　　城镇建筑景观与环境历来与一个国家的政治、经济密切相关。纵观整个人类发展史，在各个发展阶段，人们都发挥了极大的聪明才智，打造了一处处符合安居乐业要求的城镇建筑以及与其相匹配的景观与环境，本书列举的只是其中很小的一部分，目的是为了引起大家对城镇建筑景观与环境的重视和保护。

　　随着我国改革开放的不断推进和经济结构的调整，人民的生活水平日益提高，城镇建设的步伐越来越快，"生态"与"环保"以及"历史"与"文化"的理念深入人心。重视可持续发展、坚持以人为本、营造优美的城镇环境，不但是广大人民群众的迫切需要，也是我们从业人员追求的目标。为实现这一目标，更为给我们的子孙后代打下一个良好的环境基础，本书结合生态、历史、文化等因素，对国内外优秀的城镇建设实例，同济大学所完成的城镇规划、园林建筑、室内外环境与景观等项目，以及汶川灾后重建建筑的景观与生态环境进行分析与研究。

　　本书图文并茂，可供从事建筑、规划、绿化、生态、景观和室内外环境设计的专业人员，大专院校的师生，以及对城镇景观与环境具有浓厚兴趣的人士参考。

目 录

贵州省黎平县肇兴镇的侗寨

陕西省韩城市党家村

西藏自治区村寨，大山下绿树簇拥

一、村镇建筑景观与环境

（一）村镇整体景观与环境

1. 村镇的选址

在中国古代有许多环境优美的村镇，这些村镇的选址非常重视风水，实际上是注意观察地形、地貌与环境，追求顺应自然并且有效地利用和改造自然，以达到天时、地利、人和境界的表现。如安徽省黟县宏村，早在八九百年前就体现出了注重自然环境的思想，整体上处于"枕高岗，面流水"的位置上，依山傍水而聚，并且以青山为屏障，地势高爽，既无山洪暴发冲击之危，又有仰观山色俯听泉水之乐，可以说，水、气、声、色都在宏村选址的考虑范围之内；又如江苏省名镇周庄，四面环水，犹如漂浮在水上的一朵睡莲，南北市河、后港河、油车漾河、中市河形成"井"字形，因河成街、傍水筑屋（古代周庄没有公路，出门就是河，水路运输对周庄的经济发展起到了相当大的作用）；再如浙江省温州市永嘉县内的楠溪江，以江美、溪多、峰奇、洞幽、树多为特色，早期的许多村落的地址都选在楠溪江两岸，还有一部分选在楠溪江中游最肥沃的盆地上，因为这有利于村民耕作生息。如今，尽管农村的生产方式和生活方式都已发生了很大的变化，但村镇选址的基本原则仍然适用。第一，靠近国道、省道等主要道路，或在车站、码头等水陆枢纽附近。第二，村镇附近有良好的自然环境和生产环境，如充足的水源、良田和树木。第三，村镇附近有一定的特色资源：以农业为主的村镇，附近最好能有相当规模的农田；以工业为主的村镇，附近具备相应的产业优势；以旅游业为主的村镇，附近能有优美的自然景观或文化古迹；以商业为主的村镇，要求交通便利，便于货物的运输。

西藏自治区林芝县中的新藏民村寨

2．村镇的环境

在中国古代，许多村镇利用独特的地形来营造良好的环境，这种方法值得学习。如位于山区的浙江省武义县郭洞村，三面环山，两条溪水汇聚，水口尤具特色。回龙桥东为400 m高的陡峭的龙山，山上是被云雾笼罩的广阔的原始森林；回龙桥边溪水湍急，桥附近有一道5 m高的坚实的围墙；水口周围的树木茂盛，风景如画；村内明清时期的建筑布局合理、有序；全村道路均以卵石铺地，晴雨皆宜。再如，被誉为"中国画里的村庄"的安徽省黟县宏村，拥有独特的水街景观，并且青山环绕，稻田相连，整个村落就像一头牛卧在青山绿水之中，融湖光山色与层楼叠院为一体，集自然景观与人文景观于一身，林间路旁，古树茂盛，楼台亭阁、池塘、沟渠等有机相连，建筑、树木、庭园巧妙结合，既做到了以人为本又保护了环境。

安徽省黟县宏村，晨曦中分外迷人

安徽省黟县宏村，南湖与村庄有机结合

浙江省武义县郭洞村村口的景观

江西省婺源县李坑古村，粉墙黛瓦、小桥流水

上海市青浦区朱家角古镇，居住、休闲、旅游完美结合

上海市青浦区朱家角古镇河道交叉口，景观宜人

3. 村镇的总体布局

村镇的总体布局要根据村镇的人口规模以及地形、地貌等因素进行综合考虑。常用的用地类型有住宅用地、工业用地、农业用地、文体用地、商业用地、道路广场用地和绿化用地等，合理划分各类型用地以及控制建设规模，可促使生产用地简约方便、住宅用地环境优美、教育卫生用地整洁安静、商业用地人气旺盛。在中国的古村、古镇中，寨墙、街巷和沟渠构成了村镇的基本框架，如安徽省黟县西递村，四面环山，东西长约 500 米，有三条溪流分别从村北、村东流经全村，在村南的会源桥处汇聚，村落以一条纵向街道和两条沿溪的道路为主要骨架，构成以东面为主、向南北延伸的村落街巷系统。在古代，如果村镇坐落在地势相对平缓的山区地带，通常会结合排水情况和河流走向来进行布局，并且重点考虑水口的位置，因为一般来讲，水口即是溪水汇聚之处，也是村镇的门面；在现代村镇的建设中，总体布局应从道路、休闲空间、居住空间、公共娱乐空间、商业贸易空间、绿化生态环境空间以及生产经营服务空间等方面考虑。良好的空间布局和系统的道路骨架是村镇布局的灵魂，不仅对村镇的建设和发展具有非常重要的作用，更是村镇可持续发展的基础。

江西省婺源县李坑古村，色调素雅

贵州省榕江县宰荡古村的原生态住宅群

散落在茶山脚下的浙江省杭州市龙井村

德国的古村，宁静、神秘

（二）村镇居住建筑景观与环境

1．村镇居住建筑的总体布局

在对村镇居住建筑进行总体布局时，应先确定一定规模的居住区，一个镇可以根据其规模大小布置一个或几个居住区，每个居住区大约有 300 ～ 500 户，并配有少量会所（管理机构）。居住区应由不同数量的住宅组群构成，每个组群又可由不同数量的组团组成，组团和组群可根据地形和地貌进行设置，使居住建筑呈现出独特的风格。组群中的每户居民都应该有自己的院落空间，因为院落空间可在道路与居住建筑之间起到良好的过渡作用，也可以为每户居民提供室外活动的场地。在一些规模较小的村镇中，居住建筑可以因地制宜，即根据农田、山坡以及其他具体情况自由布置，使村镇居住建筑拥有田园风光和山居景观。在居住区内，除了建筑、庭园之外，还应设置公共休闲娱乐场地、停车场和绿地。

德国村镇道路转角处的住宅，建筑立面与地形 德国村镇道路转角处的住宅，建筑高低错落
紧密结合

2．村镇居住建筑的造型与景观

村镇居住建筑的平面布局要根据当地居民的家庭人口数量、工作性质、生活习惯来调整。以务农为主的居民，他们的居住建筑一般面积都较大，除了有常用的客厅、餐厅和厨房外，还应设置库房和生产工具用房；以经商为主的居民往往喜欢在一层前面开店，后面设客厅及库房，二层用来居住；而在企业、政府中工作的居民，往往倾向于紧凑的平面布局方式，注重卧室的朝向、客厅的位置是否合理。考虑到

日本京都市岚山民居，造型丰富

粮食、蔬菜、瓜果以及小型农业工具的存放问题，村镇居住建筑中通常会设有各种库房。

对于村镇居住建筑的立面设计，良好的比例与简洁的装饰能使整个居住建筑展现出一定的风格和特色，既可以节省成本，又能达到较好的效果，但其在经济比较困难的村镇中还未受到足够的重视。由于在地貌和气候等方面的差异，在我国南方地区的村镇中，门窗面积较大，通风和采光效果较好；而北方地区因冬季气候比较寒冷，对建筑的保暖要求较高，朝向正北或西北方向不宜采用大窗。

对于村镇居住建筑的剖面设计，要考虑具有良好的通风和采光条件，层高也应比一般的城市居住建筑的层高高一些。南方地区层高一般在 3 米左右，

陕西省韩城市党家村古民居大门

陕西省韩城市党家村古民居四合院内的木制门窗

北方地区层高在 3.2 米左右，而局部如门厅、客厅的层高可以更高些。在村镇居住建筑的剖面设计中，还可根据建筑的功能及其规模来设置层高；也可以根据不同类型的结构进行空间组合，如砖墙混合结构布局比较整齐，而钢筋混凝土框架结构就比较

安徽省黟县西递村的民居竹子石雕窗

灵活，具体还要根据实际情况进行设计。

村镇居住建筑的造型应根据气候、地形以及传统文化等因素综合考虑。从气候方面来讲，南方地区比较炎热，居住建筑的造型宜轻巧、通透、灵活，尤其是江南地区的村镇居住建筑，其造型宜简洁、淡雅；北方地

浙江省杭州市白马村的住宅

浙江省杭州市金沙村中路边的转角处住宅

上海市崇明县前卫村中的别墅

区的村镇居住建筑的造型宜厚实、坚固；西北地区的居住建筑的造型宜浑厚、雄健。从地形方面来讲，位于山地中的村镇居住建筑宜错落有致，而位于平原地带的可适当高低起伏、前后凹凸。此外，原有场地上的池塘、湖泊、坡地、林地都可以加以有效利用，使村镇居住建筑与自然环境紧密结合。

3．村镇居住建筑的小品与环境

良好的绿化以及安静的居住环境，是村镇居住建筑应达到的最基本的要求。此外，村镇居住建筑应尽量与场地上原有的自然环境结合，减少不必要的人工景观；应以人为本，打造适合村民生活、工作、学习和休息的场所。当代村镇的传统文化与历史文脉也应在新建或改建的居住建筑中有所体现。草皮、树木、道路、路灯、垃圾箱等，它们的造型和色彩也都会对村镇居住建筑的环境和氛围产生一定的影响。

贵州省黎平县肇兴镇中的侗寨，桥、古楼有机结合　陕西省韩城市党家村古民居中的瞭望楼

浙江省杭州市龙井村村口的木牌坊大门

安徽省歙县棠樾村内成群的牌坊

（三）村镇公共建筑景观与环境

1. 村镇公共建筑的功能与布局

村镇中的公共建筑虽然没有城市中的规模大，但所起的作用不应被忽视。行政管理、教育卫生、集市贸易、商业金融等功能区都要进行合理的安排，尤其是规模较大的中心镇，更需要对功能区进行充分考虑，而在规模较小的村镇中，以上有些功能区可综合在一起加以安排。关于村镇公共建筑的布局一般可有以下几种形式。第一，公共建筑沿村镇主要街道两侧布置，这种形式的布局对于组织行道景观具有

陕西省韩城县党家村文星塔

一定的作用；但如果主要街道上交通繁忙，人们处于匆忙和紧张的环境中，在这种情况下，很难保证人们在购物时的安全。第二，在村镇主要的出入口附近建造公共建筑，对于规模较小的村镇，集中将公共建筑布置在入口处，提升村镇的形象，但村镇入口处要统一规划、分批建造，公共建筑与环境绿化最好能同步进行。第三，将公共建筑设计在村镇的中心位置，在这种情况下，它的服务范围相对较大，周围的居民都能较方便地使用公共建筑，公共建筑也可作为居民休闲、游玩、购物的场所，具体布置方式可分为两种：一种是围绕中心绿地或广场进行布置，使视野更开阔、室内与室外环境的整体感更强、商业氛围更浓；另一种是集中布置，四周设有适当面积的绿地，这种布置可以使村镇公共建筑看起来更加雄伟高大，购物、办公相对集中，但如果处理不好村镇公共建筑的各功能区之间的关系，就会产生一定的干扰，影响环境。第四，根据不同的功能，公共建筑应布置在村镇的不同位置，有些公共建筑还可以与居住建筑结合在一起，如沿街建造商住楼，底层设商场，楼上为居住区等。

澳大利亚墨尔本市郊外，小镇道路转角处的图书馆

上海市崇明县前卫村芦苇塘生态景观塔

改造后的浙江省乌镇老街上的建筑之一　改造后的浙江省乌镇老街上的建筑之二　贵州省黎平县翘街古城中的明清时建筑群

2. 村镇公共建筑的造型与色彩

村镇公共建筑的造型与色彩要结合民族传统以及当地的地形、地貌的特点进行考虑，特别是一些具有重要意义的公共建筑，如宗教建筑、文化建筑、办公建筑、政府大楼等可作为村镇中心的标志性建筑来设计，其位置、体量、高度、形状、色彩等对整个村镇的景观影响极大。在一些古村镇中，新建的公共建筑的风格要结合当地的传统建筑的风格与特色，二者要保持良好的协调关系；在新规划的村镇中，要充分考虑各种公共建筑的功能与特色，如村镇办公建筑的外形宜整洁、明快，文化娱乐建筑的外形可新颖、新奇甚至适当夸张，商业建筑应外形多变、色彩丰富，交通与体育建筑可采用大跨度结构。在一般情况下，村镇公共建筑的规模不宜过大，色彩宜鲜明、活泼，局部装饰可根据各地的传统而灵活地调整。

上海市松江区泰晤士小镇的图书馆

上海市松江区泰晤士小镇的会所

3. 村镇公共建筑的环境

与城市公共建筑相比，村镇公共建筑的规模相对较小，但二者在环境上的要求和场地设施的设置方式却是相通的。首先，在道路两侧设置商店前，要考虑到行人的安全问题，如将机动车道改成步行街，禁止机动车辆在步行街内行驶，这就能大大地改善交通环境；其次，商店可集中在一起，与广场、中心绿地充分结合，错落分布，创造出宜人的商业空间环境；最后，公共建筑根据所处的环境可灵活地采取封闭式、半开放式和开放式的布置方式。近年来，我国村镇建设发展得很快，公共建筑和村镇中心应该是一个有机的整体，因此，要做到合理开发、统一规划和分步实施，道路、绿地、广场、停车场、垃圾箱、排水沟等都应考虑在内，营造出整洁、有序、生机勃勃的环境。

贵州省黎平县肇兴镇，生动活泼

上海市青浦区朱家角古镇的水乡建筑及景观

贵州省镇远县祝圣桥及周围的环境

（四）村镇道路景观与环境

1.村镇道路的基本功能、要求与景观

作为整个村镇规划中的骨架系统，村镇道路的主要道路与次要道路分工明确。工业园区道路、商业区道路和住宅区道路在路面宽度、色彩以及细部的处理上可以有所不同。一般来讲，工业园区道路两旁的景观应简洁、大方；商业区道路两旁的景观可丰富多彩，营造出休闲、轻松的氛围；住宅区道路两旁的景观宜具有一定的标志性与方向性。另外，位于山区的村镇的道路应尽量沿等高线布置，减少道路与等高线交叉的情况，降低造价；位于平原地区的村镇应注意车行道和步行道之间的分隔与联系，尽量做到人车分流；水网密布的村镇的道路应根据河道进行整治和改造，河道交叉处的叉角不宜过大或过小，在河道上架设的桥梁的坡度不宜过陡，人车应有效分流；村镇的主要出入口与省市主干道的连接处应有一定距离的缓冲区，大约在 300～500 米之间；有特殊情况的村镇可根据自身的情况灵活选择，如小型农用车、摩托车较多的地区可调整道路的宽度、坡度，或采取转变半径及路面的方式。村镇中心广

云南省丽江古城中的道路景观　　　　　　浙江省绍兴市新丰村河道景观

贵州省黎平县肇兴镇的风雨桥　　　　　　日本京都市岚山风景区的木桥与周边的山水

场应与道路有机地结合起来，而小型广场、村镇文化中心和商业娱乐空间是村民进行室外活动的主要场所，也应把它们与道路结合起来进行设计。道路的规划与设计需要考虑全面，道路上的路灯、路标、绿化带和路边的停车场，路面下的排水管、电缆管线等，都要统一规划布置，防止地下管线互相穿插，杂乱无章，否则既不安全也不经济。对于某些经济发展比较缓慢的村镇，可先统一规划，而后分批、分期进行建设，逐步完善。

2. 村镇河道景观与环境

在中国的南方地区，特别是江南平原，大多数村镇的住宅沿河流两岸布置，因为人们的生活离不开水，水不但是人们生活的基本组成部分，还可满足水乡人民的交通需求。近年来，随着铁路和公路的发展，村镇中许多原有的河道都已被改造，河道堵塞以及河水污染也成为了水乡村镇普遍的生态环境病。因此，在村镇的建设与改造中，不一定要填埋全部河道或将原来蜿蜒曲折的河道都改成直线形河道，而应根据当地的地貌、气候等条件进行适当的改造，满足河道的自然性、丰富性和生态性，使每个村镇的河道环境都拥有自身的特点。建筑临河布置的村镇，要做到建筑与两岸道路有机结合，建筑中的污水与垃圾不能随便倒入河中；建筑与河道之间具有一定距离的村镇，河道两岸应多种乔木、灌木和草皮，既具有生态效益，又可打造出优美的沿河景观。有的村镇还可结合当地的经济状况，种植果树或农作物，在杂乱无章的河道两岸营造出优美的村镇景观。

上海市嘉定区安亭小镇的生态河道景观

浙江省武义县的生态河面

浙江省乌镇西栅景区的河道景观

浙江省乌镇西栅景区中的桥、亭、树有机地结合在一起

浙江省杭州市金沙新村的生活河道景观

浙江省杭州市金沙新村的河道景观

广西壮族自治区桂林市大圩古村，清澈的小河在村边潺潺流过

江西省婺源县的生态河道——月亮湾

上海市松江区泰晤士小镇河道景观

浙江省绍兴市农民新村中的河道景观

（五）村镇绿化环境与生态景观

1．村镇的绿化布置

能否营造出良好的生态环境与村镇绿化是否做到了因地制宜密切相关。目前，国内有些村镇盲目跟风，把南方的某些树木，特别是一些不耐寒的树木栽种到北方的土地上，造成树木生长发育不良，甚至几年就全部枯死；还有些村镇盲目引进国外树种，最后效果也不理想。因此，村镇绿化宜选用本土树种。为了打造丰富的景观，村镇的入口处可布置一定面积的园林绿地；而每幢住宅的入口处可进行适当的绿化，局部点缀、重点突出，使之既能美化环境又具有标志性的作用；同时，还要注意公共绿化与庭园绿化间的自然过渡，平面绿化与立体绿化同步进行，实现一年四季都有绿色，营造出良好的视觉效果。植树造林是落实环境保护原则的表现，符合可持续发展的要求，因此，可以考虑在村镇适合的场地上种植大量经济林，在保护生态环境的同时又能增加居民收入。另外，村镇居民还可在自家的庭前院后种上树木，既能美化自家环境又可为整个村镇增彩添色。

在树种的选择上，村镇应尽量采用适合当地气候的树木，突出其造型与色彩，并采用粗放型、开敞式的方式种植草皮和灌木，这样既可减少绿化管理人员的工作量，又可增强村镇绿化的自然野趣。

浙江省杭州市金沙新村的庭园绿化

浙江省杭州市金沙新村的宅前绿化

上海市崇明县前卫村路边的野草

广西壮族自治区桂林市龙脊壮寨周围的绿化

西藏自治区农民新村宅前的绿化

西藏自治区农民新村宅前的野花　　西藏自治区农民新村宅前道路的绿化

2．生态村镇景观与环境

改善村镇的人居环境，保证村镇的可持续发展，是打造生态村镇最基本的要求。在材料的选择上，尽量采用稻草板、麦秸板、木屑板等可降解的材料；在建造技术上，可采用复合墙体保温技术、屋面保温隔热技术，并安装太阳能装置，国家和地方可以对所使用的建筑材料制定出具体的生态评价标准，促使材料达到环保要求。

在生态型村镇中要尽可能地做到节能和节水，对生活污水进行处理并充分利用风能、地热、沼气、水能。由于太阳能和风能都属于清洁能源，在产生过程中，不会随之带来或极少产生废物、废水、废气，极大地减少了对自然生态环境的污染。屋顶的雨水也可收集起来，用来冲洗厕所和浇灌绿地。生活污水可采用生物技术进行处理，净化后的水可作为村镇景观用水。有些生活污水经过处理后，可在沟渠或人工湿地中实现自然净化。

生态村镇应与其四周的自然环境密切结合，尽量保留场地上原有的山坡、田野、池塘、小溪和树木。生态绿地和公共绿地由社区统一管理，私人绿地由居民自己种植管理，可栽种自己喜欢的植物。一个充满鸟语花香的优美的村镇就展现在人们面前了。

上海市崇明县前卫村的木制浮桥及周围的生态环境

浙江省杭州市龙井村的生态环境

（六）村镇建筑的风格与特色

1.村镇建筑文化与历史的传承

我国是一个多民族国家，幅员辽阔，各区域之间地理环境差别较大，但当前仍有许多村镇的建筑没有突显出独有的风格和特色。地貌、气候、传统文化与历史背景应在村镇建筑中有所体现。比如在古镇中，新建建筑的屋顶、门窗等既要与当地原有的建筑形成一定的呼应，还要与当地的风土人情、历史遗迹相契合。除此之外，对于一些保留下来的传统建筑，应进行合理的开发和保护，尊重历史，保护古代优秀古村、古镇的原有历史风貌。

安徽省黟县宏村民居中的木樨，雕刻得精细雅致，传统文化底蕴深厚

2.村镇传统建筑风格与时代特点的结合

目前，村镇建筑所采用的材料、施工机械和设备与已往有所不同，钢筋混凝土、石膏板、塑钢门窗等建筑材料经常被使用，多种现代化通讯设备随处可见，如何将村镇建筑的时代性和文化性融合在一起也是一个新课题。村镇传统建筑的坡屋顶、墙、柱、梁的搭接方法可以在当今的建筑设计中加以深化和改进，砖雕、木雕、对联等艺术性较高的传统装饰品也可以结合现代材料、技术加以应用，尤其是文化建筑，如电影院、文化馆等，这样能够反映出时代的文化风貌。村镇建筑的形式不必完全复制，但中国传统建筑的精髓应在新建筑的结构上体现出来。

浙江省杭州市龙井村中依山而建的建筑

浙江省乌镇西栅景区一角

浙江省乌镇西栅景区中的原生态建筑

3. 村镇传统建筑的保护与更新

随着改革开放的进一步深入，村镇建设与改造的项目也越来越多，然而，单纯地采用新材料、新结构、新方法去模仿老建筑，会导致新建筑脱离优秀的传统历史文化，从而失去生命力。在古村、古镇中进行一些所谓的创新与改造，效果往往不尽如人意，这也是多年来一直存在的难题。一般来讲，新建筑可在色彩上和局部装饰上做些创新，而当外形差别较大时，新建筑的颜色、局部装饰可与传统建筑一致。对于普通的古村、古镇，室内空间、道路绿化及环境都可以作为创新点，特别是要满足人们居住、娱乐的需求。总之，当代村镇的新建筑在风格上应做到传统与现代相结合，这就要求设计师能够用发展的眼光去回顾历史、面向未来。

贵州省榕江县宰荡村中的原生态古楼

（七）汶川灾后重建建筑景观与环境

汶川地震中受灾较为严重的大多是位于山脚下的村庄和半山腰的住宅，也有位于地势较为平缓的市或县中的公共建筑和住宅建筑。汶川县城原地建筑的重建与改建是灾后建设工作的重点，在几年的时间里，经过规划、设计与建造，整个县城的面貌焕然一新，城市环境与景观呈现出跳跃式的进步。位于河边的汶川县水磨镇，灾后进行了大规模的重建与改建工程，对镇上老街的木构建筑进行了修复性建设，力求恢复原貌；而在老街的邻街上，又新建了住宅新区，既扩大了古镇的范围，又丰富了旅游内容，老街与新区的有机结合使得水磨镇也成为了当地重要的旅游景点。汶川县萝卜羌寨，在地震中受到了很严重的破坏，设计师按传统施工方法对老寨进行了原貌修复，修建后的新寨可供人们参观、考察。理县桃坪羌寨，被列入了世界文化遗产申报预备名录，是中国最有特色的村寨之一，由于其结构牢固，在此次地震中并没有遭到太大的破坏，但还是在原有基础上进行了修复，同时又在老寨附近建造了新寨，进一步丰富了桃坪羌寨的景观与环境。在建筑的造型上、材料的质感上和色彩的处理上，老寨与新寨有许多相似之处，在总体风貌上也呈现了强烈的民族特色和地方风格，为其他古镇的景观设计提供了参考，实

汶川县映秀镇住宅新区的住宅与河流

汶川县水磨镇的住宅与大桥

理县桃坪羌寨住宅新区

汶川县三官庙村路边的建筑

现在改造中保护传统，在发展中提高当地经济收入的目的。这次遭受地震重创的汶川县映秀镇，房屋都已损毁，灾后按现代村镇形式进行了规划，并在建筑、装饰风格和色彩上融入了汉族、藏族、羌族的各种元素，建成后的映秀镇设施齐全、环境优美、建筑风格多样，如今已成为当地重要的旅游新景区。

汶川地震后，整个城镇的异地重建建筑很少，原因是需要投入的财力和人力太多，但北川老县城在地震后遭到了毁灭性的破坏，再加上老县城原址已不再适合居住，因此，整个县城搬到了附近的地势较为平坦、环境较好的地区。这里四周群山叠峦、风景优美，按规划要求重建的新县城突出了羌族的文化和特色，城中功能完善、交通方便，各区环境舒适、优美，河流、绿化、雕塑等互相结合，美观、新颖。如今的北川新县城不仅是灾后异地新建景观项目的典范，也成为了四川省的又一个旅游景点。

1．汶川灾后重建和改建居住建筑景观与环境

（1）灾后重建居住建筑景观与环境

汶川地区在经历了大地震后，大量建筑遭到了毁灭性的破坏，但由于得到了政府和人民的大力援助，城镇面貌得到了较大的改善。在这次地震中，

汶川县映秀镇住宅区景观之一

汶川县映秀镇住宅区景观之三

汶川县映秀镇住宅区景观之二

汶川县映秀镇住宅区景观之四

遭到破坏的建筑大部分都在少数民族居住的地区，因此，重建的居住建筑大多结合了当地少数民族的传统和文化，在建筑形式上或多或少地表现出藏族、羌族等民族的传统特色，并尽量做到各种风格相互融合，呈现了不少优秀的作品。汶川县映秀镇秀坪住宅区将汉族、藏族、羌族风格有机结合，住宅区内设有园林绿地和健身场地，整个建筑群既呈现出了浓烈的民族特色，又具有现代功能；汶川县水磨镇新羌城，居住建筑设置在半山腰，随着地形的变化而高低错落、分布有致，建筑色彩与造型具有羌族的特色，雕楼与石构建筑的风格也与整个住宅区相协调；北川新县城住宅区的建筑在装饰上融入了羌族的一些标志性图案与色彩，而在功能上，完全按照现代住宅区的标准进行设计，绿化区域与景观小品布置有序，做到了环境舒适、空气新鲜、风格独特。

（2）灾后改建居住建筑景观与环境

地震后还有相当一批建筑遭到了不同程度的损坏，尤其有一部分特色民居和历史遗产受到了不小的破坏，对于这些建筑的修建和改建工作也成了重点项目。其中恢复比较好的有水磨镇老街，原来的木构建筑在地震中遭到

汶川县映秀镇住宅区景观之五

汶川县映秀镇住宅新区景观之一

汶川县映秀镇住宅区景观之六

汶川县映秀镇住宅新区景观之二

北川新县城景观之一

北川新县城景观之二

北川新县城景观之四

北川新县城景观之三

北川新县城景观之五

汶川县城住宅景观之一

理县桃坪羌寨住宅新区景观之一

汶川县城住宅景观之二

理县桃坪羌寨住宅新区景观之二

汶川县城住宅景观之三

理县桃坪羌寨住宅新区景观之三

理县桃坪羌寨住宅新区景观之四

了不同程度的损坏，灾后进行了重修以恢复其原貌，保持了古镇老街的传统风貌；还有理县桃坪羌寨同样也是进行了局部修复，保持了羌寨的原始风貌，如今已成为了重点旅游景区；汶川县萝卜寨，在地震中遭到了毁灭性的破坏，灾后，设计师采用了传统的建造方法对其进行修复，重修基础设施并且安装了太阳能路灯，修复后的老寨可作为古寨博物馆，供人参观、访问和考察。

2．汶川灾后公共建筑景观与环境

（1）灾后重建标志性公共建筑景观与环境

标志性公共建筑可以说是一个城镇的符号。汶川地震后，不但新建了许

汶川县萝卜寨景观之一

汶川县水磨镇崖边住宅

汶川县萝卜寨景观之二

理县桃坪羌寨圣水出水口

汶川县萝卜寨景观之三

理县桃坪羌寨建筑景观之一

多标志性的建筑，同时还对原标志性
建筑进行了修复，其中比较有代表性
的就是新雕楼。将汉族风格的塔楼与
羌族风格的雕楼相结合而打造的建筑
已成为了当地的标志性景观，也是旅

理县桃坪羌寨建筑景观之二　　　　　理县桃坪羌寨建筑景观之三

理县桃坪羌寨建筑景观之四　　　　　理县桃坪羌寨建筑景观之五

游观光的一大景点，水磨镇新羌城住
宅区入口广场的新雕楼就是此种风格
的建筑；九寨沟县政府大楼造型端庄
秀丽、色彩雅致丰富，广场上的新雕
楼整体造型雄伟、细部设计精致，它
与市民广场完美结合，也是当地的一
个标志；经修复后的理县桃坪羌寨雕

九寨沟县政府办公大楼

楼更加雄奇秀美，去此处旅游参观的人越来越多，人们对它所具有的价值也认识得越来越清楚。

（2）灾后重建普通公共建筑景观

汶川地震中，公共建筑遭到了史无前例的破坏，其中学校、医院、办公楼犹为严重，各级政府投入大量人力和物力进行了重建，在建设过程中得到了国内外的大力援助。其中公共建筑的设计和建造达到了很高的水平，受到了人们的喜爱和

汶川县水磨镇的新雕楼

汶川县水磨镇的雕楼及绿化

九寨沟县城的广场与雕楼

九寨沟景区入口处的建筑

理县桃坪羌寨雕楼

北川县抗震纪念碑近景

北川县抗震纪念碑远景

赞美。如北川新县城商业街（羌语称"巴哈马"）的建筑，采用了现代的形式并将传统羌寨雕楼和汉族的楼、台、亭、阁的风格相结合，从而使整个商业街造型丰富多彩、空间层次前后有序；汶川县城的一些学校的教学楼在重建时借鉴了羌族雕楼的外形，办公楼采用了羌族标志性的图案和色彩，简洁大方、经济美观，展现了民族特色；遭受重创的汶川县映秀镇，灾后重建的公共建筑是由国内外诸多著名建筑设计师共同完成的，大多构思新颖、造型优美、生态环保。

北川新县城永昌中学

北川新县城西苑中学

北川新县城西苑中学的主入口

汶川县姜维城学校的城门式主入口

汶川县第一小学的一角

汶川县第二小学的全景

北川新县城商业街的近景之一，连廊连接着两边的商业建筑

北川新县城商业街的近景之三，绿化、楼梯、长廊组成一景

北川新县城商业街的近景之二，雕楼与商业街连为一体

北川新县城商业街的近景之四，商业建筑与庭园绿化

北川新县城地震纪念馆

北川新县城商业街的近景之五，商业建筑与庭园　北川新县城羌族风格的文化馆
结合

北川新县城医院的外部环境优美，空气清新

北川新县城宾馆

北川新县城老年活动中心

北川新县城卫生局

北川新县城电信大楼

北川新县城民生大楼

汶川县映秀镇老年活动中心

汶川县国际会展中心

汶川县映秀镇医院

九寨沟县城文化馆

九寨沟县城税务大楼

汶川县城电信大楼

汶川县城医院

汶川县第一人民医院

汶川县水磨镇羌城住宅区

汶川县水磨镇游客接待中心

3. 汶川灾后道路、桥梁、河道、绿化景观与环境

（1）灾后道路、桥梁景观与环境

汶川地震不但破坏了大量的建筑，而且也使许多基础施设遭到了不同程度的破坏，所以，在灾后重建的过程中，基础施设的建设也引起了重视。其中比较有代表性的当属北川新县城的禹王桥，造型奇特、风格秀美，廊与桥相结合的设计方式既可供人休息又可用以观景，如今已是北川新县城的重要景观之一；岷江上的公路桥与人行桥的相交处也是当地良好的休憩场所；汶川县水磨镇有许多新建桥梁的设计都结合了雕楼与风雨桥的形式，营造了新的景观和环境。

（2）灾后河道、绿化景观与环境

如今，城镇景观与环境的生态性得到了人们的重视，如北川新县城中的河道，并没有过多的人工装饰，而是强调河水的生态系统及其自然美，大量的野花和野草都得到了一定的保护，河水清澈、鸟语花香、空气新鲜，已是北川新县城的一个最明显的特色；汶川县水磨镇老街广场中古树的保护和新羌城小区的绿化也都得到了重视；九寨沟风景区中许多景点体现了环保与生态的理念，尤其在自然风景区中，建筑只是陪衬，绝不喧宾夺主、破坏风景；以建筑为主的风景区，同样再现了自然的魅力，实现了自然与建筑的融合，位于城市中心的成都市区的活水源公园则是一处生态景观，同样值得推广。

川县映秀镇河岸景观，岸边绿化广场可供人们活动

汶川县映秀镇河上的新桥，桥墩结实、牢固，桥上栏杆轻巧

九寨沟风景区珍珠滩瀑布，其中设置的木平台既可满足游人观赏需求，又不破坏自然生态

九寨沟风景区珍珠滩

九寨沟风景区内的壮寨水磨房，传统建筑与自然
山水融为一景

九寨沟风景区火花海，枯木水中倒映也是一大景观

成都市区活水源出园景观之一，树木、芦苇、玉
莲组合成净化排水系统

成都市区活水源出园景观之二，鹅卵石、水面、
灌木、乔木组合成水资源利用系统

成都市区活水源出园景观之三，高大的乔木、低
矮的灌木、漂浮的玉莲自成一景

北川新县城廊桥

理县桃坪羌寨道路景观

北川新县城河道景观之一

北川新县城河道景观之二

北川新县城河道景观之四

北川新县城河道景观之三

北川新县城河道景观之五

（八）中国温室建筑景观与环境

1．温室建筑的总体规划与布局

（1）连栋大棚温室布局

连栋大棚温室是由多个单栋温室相连而成的，它的使用率较高，便于机械化耕作，常见的有以下三种形式：第一种是拱形连栋大棚温室，其透风及排水效果良好，但建造过程比较复杂，屋脊及两肩部突出，容易损坏薄膜；第二种是等屋面连栋大棚温室，其排水和采光效果都比较好，施工也较方便，既适合采用塑料薄膜，也可用玻璃；还有一种是锯齿形连栋大棚温室，这种温室通风效果很好，但天窗的密封效果较差，需加强局部的密封处理。

等屋面连栋大棚温室

（2）种养一体化生态循环温室

牛、羊、猪、鸡等家畜和家禽的粪便经过简单而有效的生物处理和自然生态处理后，可用于蔬菜、瓜果和花卉等植物的种植，这样可使植物吸收有机生态肥料的养分，从而将排泄物变废为宝。一般可在种植植物的温室和饲养家禽的圈舍之间设置人造的水生态处理湿地，对污水进行自然生态处理；另外，还可设置计算机控制室和污水收集池，以调控温室的温度和湿度。这种生态循环温室可分为养殖业与种植业一体化生态循环温室、畜牧业与种植业一体化生态循环温室以及水产业与种植业一体化生态循环温室。

2．温室建筑的不同功能

在温室建筑中，需考虑室内可达到的温度，因为不同的作物对温度的要求各异。对适合设施栽培的作物，依其温度的要求可以分为三类：第一类为

拱形连栋大棚温室

锯齿形连栋大棚温室

高温作物，如甜瓜、西瓜、茄子、一串红、仙人掌等，白天所需的温度为24～30℃，夜间则降到18～20℃，这种温室通风条件要好，覆盖材料不宜太厚；第二类为中温作物，如黄瓜、番茄、西葫芦、四季豆、白菜、月季、咖啡等，要求白天温度在18～26℃，夜间为13～18℃，这种温室的覆盖材料稳定系数要高，室内应保持适当的通风与采光；第三类为低温作物，如蒜苗、韭菜、石竹、白兰花、茉莉花等，白天所需的温度为15～22℃，夜间为8～15℃，此种温室覆盖材料不能太薄。因此，根据以上情况可将温室分为高温作物温室、中温作物温室和低温作物温室。另外，在温室建筑中，还要考虑光照这一因素，因为不同的作物对光照强度和光照时间都有不同的要求。对光照强度要求较高的有西瓜、甜瓜等，这种作物的温室的覆盖材料透光率要高，以充分利用光照；对光照强度要求较低、光照时间较短的作物有韭菜、扁豆、马蹄莲、万年青、菊花等，这种作物的温室建筑的覆盖材料的透光率可低一些，而且还可根据具体情况在温室中设置遮阳蓬等遮阳设施。

3．温室建筑的基本材料

（1）温室建筑的骨架材料

①竹木：优点是取材方便、造价较低，在资金困难的情况下使用较多；缺点是竹木易朽，一般使用年限为2～3年，如经过防朽、防腐处理，使用年限可以延长。

②钢：优点是拼接灵活、跨度较大，使用年限较长；缺点是成本较高。

③水泥：优点是施工方便、使用寿命长（15年以上）且强度高、抗风能力强，一般水泥构件做成弓形，并可现场拼接安装；缺点是钢筋易锈。

④麦桔秆等综合材料：主要利用的是废料，其取材方便、造价较低、品质较高、牢固耐用、符合环保要求，近年来已引起人们的重视，并将成为现代温室最常用的材料之一。

（2）温室建筑的覆盖材料

①普通透明平板玻璃：厚度4厘米左右，透光率为89%，价格低廉，经济实惠。

②钢化玻璃：透光率较高，光的稳定性好，热稳定性和冲击强度高，并且在327℃以内，即使在温度发生急剧变化的情况下也不会炸裂，在冰雹的袭击下也不至于破碎。在使用时，需注意两点：其一，采用一般钢化玻璃（热处理钢化玻璃）可能会发生自爆现象，破损时会碎成蜂窝状的小碎粒，无尖锐棱角；其二，钢化玻璃一般不能直接切割，经化学处理后方可切割，但切

割价格很高，再加上钢化玻璃分量过重，一般很少使用。

③吸热玻璃：因该玻璃中加入了三氧化二铁，可吸收红外辐射，降低透热量，并且其透光率低于普通玻璃，因此，特别适宜作为以夏季生产为主的温室的覆盖材料。

④聚碳酸酯板：价格较为低廉，透光率较低，施工安装方便，不滴水，密闭性好，保温节能，可以抵御大雪、风暴等恶劣天气。

⑤多功能薄膜：价格低廉，透光率较低，使用年限较短，适合作为对光照强度要求较低的温室的覆盖材料。

4．温室建筑的造型与色彩

（1）温室建筑的造型

温室建筑应呈现简洁、明快的风格，其造型既要满足温室的采光、通风、排水的基本要求，又要考虑施工与安装的标准化和模数化以及大面积、大跨度的整体效果。

（2）温室建筑的色彩

温室建筑的色彩宜清新、明亮，与绿色植物相协调，结构材料的色彩与覆盖材料的色彩不宜反差过大，应尽量接近，温室内的加温设备和通风设备等颜色也应以浅色为主。

钢化玻璃温室内景

法国尼斯市海滨休闲场所，海天一色

二、城市建筑景观与环境

（一）城市滨水区、广场、道路景观与环境

1. 城市滨水区景观与环境

近年来，经过开发和利用的滨水区已成为我国城市建设中的一个亮点。其实早在古代，我国的许多城镇都是临水而建的。人类生活离不开水，合理、有效地利用水资源极为重要，所以在滨水区开发旅游、休闲、娱乐、居住等项目有着非常好的前景。我国江南地区的大多数城市都临江、临海、临河而建。

滨水区的规划设计要注意其与城市的联系，不能错误地将其当成某一个单独的地区来考虑，要尽可能地吸引人们来滨水区居住、旅游、观光和娱乐，因为城市中的滨水区通常景观优美，应该让人们都能享受到这种美景。另外，滨水区的开发一定要与防洪结合起来，而且滨江、滨湖、滨河、滨海地区都有台风、波浪及水面污染问题，规划设计中要加以考虑。滨水区是一个整体，在规划设计过程中需进行统一规划，并结合当地的气候和环境，在突出地方风格与特色的同时创造亲水环境。合理并有效、有序地开发滨水区，不但对改善城市生态环境有良好的促进作用，而且对于丰富城市景观、改善城市环

澳大利亚墨尔本市郊外的帆船码头

云南省大理的湿地，生态美景尽收眼底

浙江省杭州市西湖湖边景色迷人

法国塞纳河河边的林阴道

贵州省镇远县青龙洞悬空寺

上海市普陀区住宅旁边的河滨景观

境、带动经济发展、提高城市综合竞争力和可持续发展都具有非常积极的意义。

2. 城市广场景观与环境

城市广场是城市中最重要的公共活动场所之一，也是市民举行集会和庆典等活动的地方。按照广场的性质和用途，一般可将其分为以下几种：

（1）行政广场：重大的庆典活动在此举行。此种广场通常规模较大，如北京天安门广场。此外，其从整体上给人雄伟开阔之感，往往能体现出一个国家或城市的特点。

（2）宗教广场：是市民进行宗教活动的场所。多数广场与著名的教堂结合在一起，如巴黎圣母院和米兰大教堂，教堂的门前都有一定面积的广场空间。如罗马圣彼得大教堂前面由柱廊围合而成的椭圆形广场，其规模之大可供上万人在此聚集。一般从宗教广场就可以看到教堂的全貌，从而感受教堂建筑的神圣、宏伟，以产生对上帝的崇敬之情。在中国，大的庙宇

法国巴黎市德方斯新区造型不同的高层建筑与广场

前面也都有一定面积的空地，方便人们进行宗教活动。

（3）商业广场：是方便市民购物、休闲而设的活动场所。在现代社会中，商业广场的作用越来越受到人们的重视，一般大型商场或较大的商务大楼前面都配有相当规模的商业广场，广场上经常举办经济活动，营造出了商业氛围，有的商业广场到了节假日就成了一个大卖场。

（4）文化广场：相对来说规模较小，周边建筑不高，但广场环境亲切宜人，具有浓厚的文化气息，是文人墨客和旅游人士经常光顾的地方，如巴黎乔治·蓬皮杜国家艺术文化中心广场。

（5）纪念性广场：一般与纪念性建筑和雕塑结合在一起，往往是为了纪念某个人或某件事而设的场所。其规模一般不太大，但具有独特的风格和纪念气氛。

（6）交通广场：主要是方便人们进出各种车站、码头和换乘各种交通工具的场所。广场中一般设有明确的指示牌和交通线路图，同时又设有一定面积的休息场地。近年来，交通工具越来越多，地铁、轻轨、高速公路的大量涌现，大大提高了交通效率，也方便了人们的生活。多层次立体交通广场除了空间以外，绿化、小品、灯光和色彩以及铺地材料的质感都要仔细考虑。

3．城市道路景观与环境

城市道路是人和车辆往来的专用地，城市道路空间是城市基本空间的重

上海市浦东区陆家嘴金融贸易区路边的石块雕塑

上海市浦东区陆家嘴金融贸易区路边的电话亭　　德国街头溪水长流，此处是儿童玩乐的好地方

要构成要素之一，因此，道路空间与城市景观有着密切的关系。要创造高效、安全的城市道路环境，就必须在城市规划中加强对城市道路环境的研究，在道路环境中，城市道路的线路与形状要根据不同的环境进行合理安排。高速干道是常用的城市道路，一般在高速行驶的车上往往看到的是城市建筑大致的轮廓，或标志性的高大建筑；而在一般步行街或人行道上行走，往往能看到城市建筑的基本面貌与风格，甚至可以看清橱窗等细部装饰、广告牌的色彩、路边的绿化及小品等。在不同功能道路上乘车或行走，人们的心态往往也不一样：在高速干道上，人们大多想的是尽快地到达目的地；而在步行街或人行道上行走的人们，多数则是以放松的心情去购物、休闲、旅游。因而在城市道路环境设计时，快速道路多注意它的整体空间和基本面貌；而在一些慢速道路中，更多考虑的是它的细部造型与质感，以及景观小品的形象和色彩。除此之外，建筑、道路、广场、绿地、人流、车流有时可能集中在一起，在规划设计过程中要综合分析。道路交叉口、大型立交桥、车辆换乘枢纽中心等是城市道路中的节点，这些节点的合理安排可美化环境，从而改善整个城市的面貌。

在大城市里，由于地面交通拥挤，地下交通和空中交通应运而生。但快速发展的高架道路，有时侯往往破坏了城市景观，特别是在一些名胜古迹较多的历史文化名城，大量建造的高架道路遮挡了城市空间的视线，打破了城市建筑立面的连续性，使得城市环境极不协调，所以有的高架道路建成几年或十几年后，就成为城市中的混凝土垃圾。地面上的高架道路，在规划设计时应该结合地形地貌、城市背景与传统文化因素来考虑，并能与自然环境有机结合。在高架道路两侧种植高大的乔木，并结合承重柱子布置竖向绿化，如爬山虎、常青藤等。高架道路拦板两侧可种植容易生长的草木，使高架道路看上去不像一条生硬的钢筋混凝土"长龙"，而是像一条生动的绿色长廊。

上海市五角场高架道路景观

上海市延安路与成都路交接处的高架道路下的绿化环境

法国巴黎市德方斯新区高层建筑与桥梁的密切结合

（二）城市绿化景观与环境

1．城市道路的绿化景观与环境

城市道路的绿化在城市中用量最大、范围最广，它们对城市景观与环境的影响很大。在进行道路绿化时，要考虑其宽和窄、前和后、左和右以及是否高低错落并与树木搭配等。近年来，上海城市街道两边的"破墙透绿"工程已经成为改造城市空间环境的有效方法之一。改革开放以前，城市街道两边多数工作单位采用封闭围墙，以将其与外界分隔开来，城市街道往往形成单一、狭长的条形空间。"破墙透绿"工程采用通透围墙后，城市街道景观得到了很大的改观。街道两边的绿化不但要考虑树木的树种和形状，同时还要考虑颜色和气味；高速道路边上的绿化要注意整体线形效果；对于滨江道路边上的绿化，不能布置高大的树木，以防遮挡人们的视线，应布置灌木和较为矮小的树种。

澳大利亚墨尔本市花园住宅旁的人行道之一

澳大利亚墨尔本市花园住宅旁的人行道之二

澳大利亚墨尔本市花园住宅旁的道路

澳大利亚墨尔本市花园住宅道路转角

澳大利亚悉尼市路边的树木

澳大利亚墨尔本市花园住宅小区内的小路

法国尼斯市海边散步大道

澳大利亚墨尔本市东郊外风景区的道路

2. 城市绿带与生态景观

城市绿带或绿色走廊在城市环境中发挥着净化空气的作用，因此，应在城市工业区和生活区之间设城市绿带进行分隔。一定宽度的绿带可以明显地减弱或阻挡噪声，一般可减弱 5 ~ 8 分贝。

城市绿带在美化城市方面也起着相当重要的作用，常用的城市绿带有环状绿带和条状绿带，以高大乔木为主的绿带要做到适当配置灌木和草皮。在北方地区，绿带内可用的乔木有松柏、白皮松、雪松、油松、云杉、樟树等；常用的落叶乔木有银杏、刺槐、合欢、毛白杨、垂柳、悬铃木等；常用的落叶灌木及绿篱有丁香、玫瑰、榆叶梅、紫藤、凌霄等。城市绿带的宽度一般少则几十米，多则几百米，其作用是调节气候、净化空气、阻隔噪声、美化城市，如上海外环线城市绿带就有一百米宽，这对改善上海城市环境，提高城市空气质量有很好的效果。

浙江省杭州市路边的树林　　　　　　　澳大利亚悉尼市路边的一棵大树

3. 城市中心绿地景观与环境

城市中心绿地就像城市的肺一样，能使城市空气新鲜、环境优美。如上海浦东新区开发规划了一大片中心绿地——世纪公园，大面积的绿化改善了浦东新区的空气质量，使其成为平时或节假日人们休闲、游玩的场所。

城市中心绿地有两种形式：一种是开敞式的，市民可以随时免费进去活动；另一种是封闭式的，需要买票才能进入。随着改革开放的不断深入，开敞式中心绿地越来越多，如上海市中心的延中绿地，自建成以来，受到上海市民的普遍欢迎，尤其是附近居民，从此，健身、休息、散步均有了好去处。良好的城市中心绿地环境规划也影响了周围的房价，对整个经济建设都起到了良好的促进作用。中心绿地的规划设计要体现以人为本的规划理念，树种的搭配、草地的大小、水面的位置、步行道系统、环境小品都要精心设计。铺地材料的质感与色彩既要与环境统一，又要体现个性。

山西省太原市晋祠博物馆中的古树

山西省太原市晋祠博物馆园林绿化

法国巴黎市凡尔赛宫的绿化环境

建在深山峡谷中的卢森堡市

上海市豫园内的假山、水面、隔墙、台榭、木构
亭子相结合

上海市豫园内的木构建筑与平地、水面、假山搭
配得错落有致

上海市豫园内亭台楼阁与自然环境相结合，小中
见大，意境深远

上海市豫园内绿化、假山、门洞融为一体，自然
和谐

4. 城市建筑墙面与屋顶绿化

随着城市的开发与发展，城市生态环境越来越受到重视，改善人类居住
环境、开拓城市绿化空间、建造园林城市，已成为21世纪许多城市发展的方向。
在建筑物的外墙或屋顶上种植树木和花草，可改变局部建筑环境、气氛和形状，
使整个城市环境更加富有生气。特别是在一些人口比较密集的大中型城市，
地面、墙面、屋面中大量使用混凝土，使得城市热岛效应更加突出，因此，
在建筑物的屋顶（平屋顶）、阳台、窗台、女儿墙以及山墙上进行绿化种植，
不但可以改变建筑物局部形状，同时也将使城市绿化范围进一步扩展。

被视为世界七大奇迹之一的巴比伦空中花园其实就是一个大型屋顶花
园。如今科学技术不断发展，许多新技术可以在实际中加以运用，如屋顶花
园中高大的乔木可以种植在建筑物承重柱所在的位置上，乔、灌木通常可选
择浅根系树种，以适应屋顶上浅薄的土壤。屋顶花园不但能满足人们的使用
要求，同时在大城市密集的建筑群中，又可以给附近其他更高的建筑提供一
种借景。在空中花园的设计和布置中，建筑外墙面上也可以种植爬山虎、常
青藤之类的藤本植物，使建筑外墙更加丰富多彩；还可在建筑物的阳台、窗台、
女儿墙等处种植花草，使城市景观更加优美。

（三）城市居住区建筑景观与环境

1．城市居住区中心场所的景观与环境

城市居住区内不同的住宅可排列组合成不同的空间场所。由于每个居住区的地形、地貌以及周围环境的不同，对小区中心场所所采取的设计方式也不同。在北方地区，居住区建筑采用周边式布置的较多，中心场所显得较为封闭、安静且不受外界干扰，特别适合老年人和儿童居住，但这种中心场所要有一定的宽度和深度，要有利于建筑的通风和采光。在我国南方地区，采用周边式布置的较少，中心场所多数具有开放、自然、多变、通透等特点，视野比较开阔，通风较好。居住区中心场所是一个小区居民进行休闲和娱乐活动的室外场所，因此，除了考虑场所空间外，还要结合场所的地形和地貌、环境和气候等来设计，并且要以人为本，也就是要符合人们的生理、心理上的要求。

2．城市居住区建筑小品的景观与环境

城市居住区的建筑小品的范围很广泛，一切令人感到舒适的楼、台、亭、阁、桥等都可称为建筑小品，或小品建筑，或环境小品，其设计除了要符合空间环境特点以外，更要注意小品的使用对象，如考虑北方人与南方人性格上的差别。老年人较多的居住区内，长廊及绿化场地要相对多些，以便老年人能经常在室外活动；儿童较多的小区，可考虑在小区内设置各种游戏设施。另外，还要注意小品的材料和颜色，小品的造型可适当夸大，色彩可以鲜艳明亮；文艺界人士较多的小区，小品则多考虑它的艺术性，抽象或具象可根据不同的环境来确定。小品多采用当地的材料，如有的地方竹子较多，可多设置竹廊、竹亭等；有的地方石材较多，就可多设置些石亭、石凳、石桌等。总之，建筑小品的设计一定要适合环境、满足人们的要求。

3．城市居住区建筑风格与特色

每个城市居住区的建筑都应有自己的风格与特色，根据不同的对象、不同的年龄、不同的传统与文化进行设计。一般来讲，居住区的建筑风格与特色同办公建筑、商业建筑都应不同，居住建筑应亲切、安静。风格与特色最好能与当地传统和文化有一定的联系，吸取当地传统居住建筑的经验和优点，反映当地居民的生活与习惯。如北京地区的传统四合院空间关系具有亲切感，建筑风格与北京的文化传统相融；上海传统里弄建筑呈现了海派风格，并结合了世界各地的装饰特色，里弄空间也如家一般的温馨。如今，房地产行业快速发展，人们的居住水平也日益提高，南方与北方、西部与东部，它们的

居住建筑绝不应只有一种或几种风格。无论是世界的还是民族的，只要与人们的生活、工作、学习、精神需要密切相关的都要加以研究和拓展，以创造出既有时代个性又有传统风格的居住建筑。

4. 城市居住区绿化景观与环境

城市居住区环境的好与坏，很大程度会反映在绿化上。绿化环境不仅要具有观赏性，还要具有一定的功能性，因此，良好的生态环境是人类生存的基本需要以及社会可持续发展的需要。绿化的基本好处就是吸收二氧化碳，释放新鲜氧气，净化空气，夏天能遮阳、降温，冬天能防风、防沙。合理地配置树木与草皮，还能调节局部气候，改善城市环境。另外，居住区内良好的绿化布置，还能吸引大自然中的鸟类来此栖息，增加自然情趣，使居民处在大自然的怀抱之中。绿化要达到良好的生态效果，最根本的就是要使居住区绿地面积达到40%以上。同时，绿地内的草皮与树木的数量要安排得当，大量的草皮与少量的树木，对于改善空气质量来说，效果并不是最好的，而较多的树木及一定比例的草皮则比较理想。乔木与灌木、常绿树与落叶树等合理搭配，河流与水面要有机联系，以促进空气的流通。绿化环境设计不但要改善空气质量，还要能营造诗情画意的氛围，给人们带来美好的感受。

上海市嘉定区安亭小镇住宅区道路绿化

上海市嘉定区安亭小镇住宅区庭园绿化

上海市嘉定区安亭小镇地面质感细腻，绿化布局合理

（四）城市公共建筑景观与环境

1. 城市公共建筑室内外景观与环境

公共建筑是城市的细胞，每一幢建筑的室内外环境的好坏都直接关系到居民的生活质量。公共建筑的室内环境并不应该是孤立的，应与室外环境形成一个整体，特别是在天气比较炎热的地区，室内外环境的联系更为重要，以使人们感受到室外自然环境的亲切感。通常用以隔离室内外空间的实墙所采用的材料是大面积的玻璃，使得内外景观相互呼应，或将建筑的局部做成半开放的大空间，通过空间的延伸与渗透使室内外空间形成一个整体。还可通过隔断围墙和镂窗等来灵活调整空间，使室内外空间取得联系。室内环境与室外环境在处理上是相通的，通过色彩、形状、材料、质感、意境上的处理而形成统一的风格，如古典建筑的室内装修应与室外的古典园林风格相一致，而现代建筑的室内装修应与现代园林风格相结合。

2. 城市单体公共建筑的外部环境

单体公共建筑的外部环境与城市总体环境密切相关。在设计时要把入口广场、庭园以及单体公共建筑周边的局部环境当作单体公共建筑的一部分，同时又是城市环境的一部分。单体公共建筑的外部环境除了同室内环境有一定的联系外，还要考虑建筑的造型、外立面风格以及色彩与环境的协调性。外部环境设计重点可放在地形、地貌以及建筑小品的处理上。良好的单体公共建筑的外部环境应能显示出其个性与特色，并使人赏心悦目。比如办公建筑的周边要有一定的空间场所供人休息，甚至能提供室外休闲活动场地以及沟通和交流的场所；大型广场和旅馆的周边要有足够的停车场和休闲广场。总之，外部环境的设计和创造，要体现以人为本的设计理念，满足单体公共建筑的使用要求，同时又与城市环境相协调。

澳大利亚悉尼市海边的高层公共建筑，在设计上符合地形特征

3. 城市新老公共建筑之间的关系

优秀的传统公共建筑或者老建筑是城市环境中不可多得的珍品，人类的发展需要不断汲取优秀的传统文化。城市中优秀的传统公共建筑既可以反映城市的历史，又可以成为旅游景点，促进经济发展，增强城市活力。比如，上海外滩建筑体现了欧洲古典建筑风格，市政府很好地保护了它的建筑轮廓

线和外立面风格，使其成为上海最好的建筑风景区之一；而黄浦江对面的陆家嘴金融贸易区则是浦东开发的一个窗口，这里的新建筑拔地而起、错落有致、面貌一新，代表了上海的未来。黄浦江浦西的外滩传统古典建筑和浦东陆家嘴金融贸易区的新建筑群相对而立，新与旧相融在黄浦江两岸。一般来说，在历史文化名城或在传统建筑周围建造新公共建筑，一定要与老公共建筑在风格、造型上相协调，也就是说，新公共建筑要具有地方性和时代性，而地方性往往受到当地的地理、文化和风俗习惯等因素的制约和影响，因此，还要考虑新老公共建筑之间在建筑立面的呼应、局部装饰的特点、色彩的搭配上的相互联系。

德国科隆教堂与周边新建筑相协调

福建省泉州市古城门与周边新建筑相协调

4. 城市高层公共建筑环境

在当今的一些大城市中，高层公共建筑越来越多，又由于它们比较封闭，自然通风条件较差，室内空气污染物浓度较高，长期在其中工作和生活的人容易患上某些疾病，如经常在高密度的高层建筑群内部或附近生活的人，常常感觉紧张、压抑，因此，高层公共建筑有一个良好的室内外的环境尤为重要。自然通风、新鲜空气、自然阳光和绿色植物是一幢现代化高层公共建筑的室内环境不可缺少的元素；而在其室外环境的设计中，入口广场与四周的道路、人流、车流的关系也是很重要的。高层公共建筑的阴影在总体规划设计中也需考虑，最好能使其投在一些附属建筑物或次要建筑物上；当高层公共建筑的外墙采用大面积的玻璃时，一定要考虑反射和折射带来的光污染；另外，高层公共建筑庞大的形状往往会和传统历史建筑相矛盾，这就要求在设计时多注意当地的城市环境与历史，特别是顶部和基座要进行适当的处理。

高层公共建筑室内外环境要与自然环境相结合，通风、采光、绿化、水池、假山等都应得到综合利用。室内外环境可以互相渗透，在风景优美的山区，高层公共建筑可与山地密切结合，将山地坚硬的岩石作为其天然地基；在辽阔的海边，高层公共建筑可与海洋有机结合，利用海水形成水池或瀑布，还可以把高层公共建筑的局部设在水面以下，作为观察海洋动物的场所。随着科学技术的发展，高层公共建筑还可以与道路、桥梁紧密结合，如在高层建筑中建造地下车库、电影院、仓库等。

古代高层建筑——江苏省常熟市古塔

现代高层建筑——上海市浦东区陆家嘴金融贸易区的金茂大厦

法国巴黎德方斯新区高层建筑与坡地相结合

阳光中的澳大利亚墨尔本市

夕阳下的澳大利亚墨尔本市

（五）欧洲石构建筑景观与环境

1. 欧洲石构建筑的构造与特点

典型的石构建筑起源于公元前8世纪初，到公元前5世纪发展成熟，古希腊的石构建筑逐步形成了建筑的型制，并将石质梁柱结构构件和艺术形象相结合。经过古罗马的继承和发展，欧洲石构建筑达到了当时世界建筑的最高水平。公元前3世纪，古罗马征服了整个意大利，统治范围向外扩张，进入了古罗马石构建筑最繁荣的时期，也为以后欧洲石构建筑的发展奠定了坚实的基础。

古希腊和古罗马是西方石构建筑的发源地，保存着许多石构建筑原物，为现代石构建筑提供了参考。欧洲到了中世纪时期，在以法国为代表的西欧国家的封建制度下，各种教堂、宫殿、住宅层出不穷，不同风格的石构建筑大量出现。以法国为中心的哥特式教堂发展到了极致，它的结构技术、施工水平和艺术成就都是出类拔萃的。它那高耸的尖顶、空透的结构和精美的雕刻，对石构建筑的发展起到了推动作用。在中世纪时期的意大利，石构建筑的发展显示了其独立性，其中不乏举世闻名的、堪称经典的作品，如佛罗伦萨主教堂等，特别是威尼斯的石构建筑，如威尼斯总督府等，建筑规模宏大、风格多样，体现了威尼斯在当时作为地中海贸易之王的地位。石构建筑的另一个发展脉络，就是以西班牙为主的伊斯兰建筑，其类型、型制和手法具有强烈的伊斯兰和阿拉伯风格，除此之外，西班牙所建造的塔对欧洲文艺复兴时期其他国家塔的建筑形式也颇具影响力。

在古希腊早期，石构建筑的柱子采用的是整块石材，后来则采用多段中心带有销子的石块进行砌筑。由于大型石构庙宇多为围廊式，柱子、额枋和檐廊的艺术处理决定着庙宇的风格。古罗马的石构建筑在构造上达到了极高的水准，特别是其券拱技术，在陵墓、桥梁、城门、输水道等工程中被广泛应用；而采用天然混凝土（成分是火山灰、石灰、碎石）造就的拱和穹顶的跨度也非常可观，罗马万神庙的穹顶，直径达到43.3m，它不仅是当时世界上最大的石构建筑，而且至今一直保持着石构建筑的最高记录。拱顶体系的不断发展，造就了像罗马浴场那样宽敞开阔、流转贯通的内部空间。随着技术的发展，又出现了肋架拱，它的基本原理就是把拱顶区分为承重墙部分和围护部分，从而大大减轻了拱顶的自身重量，并且把荷载集中到券上，以摆脱承重墙的重量。券拱结构是罗马建筑的一大特色，并且代表了其最高成就，对后来欧洲文艺复兴时期的建筑产生了重大的影响。中世纪时期，法国出现了哥特式教堂，结构技术和施工水平都创造了新记录。哥特式建筑使用骨架券作为拱顶的承重构件，拱顶的厚度小，节省了材料；独立的飞券在两侧凌空越过侧廊上方，十字拱四角的起角抵住它的侧推力。骨架券和飞券一起使整个教堂呈框架式结构，另外，全部使用二圆心的尖券和尖拱，减轻了结构的重量。

意大利古城佛罗伦萨三座美丽的建筑

法国巴黎市塞纳河沿岸古建筑

2．欧洲石构建筑的风格与景观

石构建筑从古希腊时期到古罗马时期乃至欧洲中世纪时期，再发展到文艺复兴时期，每个阶段都具有一定的特色和风格。古希腊早期的石构建筑强调人体美和数的和谐，古希腊多立克柱式和爱奥尼柱式就是典型的代表。但这两种柱式具有各自鲜明的特色，它们在整体与局部的设计都不同，从开间比例到线脚，都分别表现出刚劲雄健和清秀柔美两种对比鲜明的风格。多立克柱子比例粗壮 [1 ：(5.5 ～ 5.75)]，爱奥尼柱子比例修长 [1 ：(9 ～ 10)]；多立克柱头是简单而刚挺的倒立的圆锥台，爱奥尼柱头是精巧柔和的涡卷；多立克柱式没有柱础，雄健的柱身从台基面上拔地而起，而爱奥尼柱式却有富有弹性的柱础；多立克柱子收分和卷杀都比较明显，而爱奥尼柱子却不是很明显；多立克柱式很少有线脚，偶尔有，也是方线脚，而爱奥尼柱式却使用多种复合的曲面的线脚，线脚上带有雕饰。

意大利古城佛罗伦萨石构建筑

古罗马继承了古希腊的建筑风格，但古罗马建筑的最大特色就是建筑物体量大，而且外观引人注目，运用拱和穹顶打造大空间圆形屋顶，使古罗马建筑呈现宏伟壮观的特色和风格。

到了中世纪，哥特式教堂大量涌现，其结构先进，施工精确，而且极具艺术性。在哥特式建筑中常常使用骨架券作为拱顶的承重构件，骨架拱从柱头上散射出来，具有很强的升腾动势，表达了教徒对天国的向往。教堂内部空间大量采用彩色玻璃，使得室内光线五彩缤纷、光彩夺目。

起源于 17 世纪意大利罗马一带以教堂为主的巴洛克建筑追求的是华丽富贵的风格，波浪形的曲面精致而协调，并展现了大量的壁画和雕刻艺术。在建筑的室内外环境中，可见其过于讲究装饰效果，往往显得繁琐。这种风格在法国最后发展成了洛可可建筑，其特点是在室内大量使用半抽象题材的装饰，与光亮、涡形、流线、华丽的抹灰和阿拉伯式装饰等有密切的联系。

有些古代石构建筑遗留到了现代社会，仍然是人们生活、工作或举行宗教活动的场所。随着社会文明的进步和发展，人们对古建筑的保护意识日益提高，对古建筑的维修也达到了相当高的水平。如法国巴黎市中心一般不允许建造高层建筑，以防破坏巴黎古都的整体风貌。在维修上，也是按照修旧如旧的原则，不破坏原有石构建筑风格，采用原产地的材料。虽然当代西方现代建筑发展很快，但大量有历史文化价值的传统石构建筑还是很好地被保留了下来。

意大利威尼斯市叹息桥

意大利古城佛罗伦萨的西班牙广场上的石构建筑

意大利古城佛罗伦萨乌菲齐美术馆石构建筑

（六）中国木构建筑景观与环境

1. 中国木构建筑的构造与特点

中国木构建筑起源于商朝时期，距今已有 3000 多年的历史，但中国遗留至今的木构建筑大多数是唐朝以后建造的。"隋唐时期是中国封建社会发展的高峰，也是中国古代建筑发展的成熟阶段，这个时期大量的木构建筑规模宏大、结构严谨"。[1] 它们不仅对我国后来的木构建筑发展影响深远，而且影响到了周边国家，如日本、朝鲜等国。日本的唐招提寺，就是由日本派遣的使臣邀请中国唐朝高僧鉴真和尚兴建的，风格仿照的是中国唐朝都城的宫殿、寺院。日本的木构建筑到了奈良时期，也就是公元 800 年，达到了成熟阶段，这一时期的建筑原物也有不少保留至今，并为以后日本木构建筑的发展奠定了坚实的基础。

由于各时期的战乱、地震、火灾等诸多原因，保留至今的木构建筑原物不多。长安（现西安）是隋唐两朝的国都，经济和文化的中心，也是当时世界上最大的城市之一，整座都城规划整齐、规模宏大；宋朝以后，木构建筑倾向于柔和的风格，将建筑与园林相结合，在这段时期还制订出了以"材"为标准的模数制，使木构建筑的设计与施工达到了规格化程度；到了明清时期，中国木构建筑的发展达到了繁荣期，留下了许多优秀的木构建筑，此时期扩建的北京故宫充分体现了帝王的权力，全部主要建筑严格地对称布置在中轴线上，在当今世界木构建筑史上也是绝无仅有的。

中国的木构建筑，除了寺庙、宫殿以外，在民居和园林建筑中也有极大的成就。木构民居形式多样，园林木构与地形、地貌的结合，创造出了许多生动的实例。

中国古代建筑以木结构为主要形式，从原始社会开始发展，到了隋唐时期达到高峰，形成了一种独特的风格。"古代木构建筑的木构架有抬梁、穿斗和井干三种不同的结构形式"。[2] 抬梁式使用范围较广，这种木构架是沿着房屋的进深方向在石础上立柱的，杠上架梁，再在梁上重叠数层瓜柱和梁，最上层的梁上立脊瓜柱，构成一组木构架。在平行的两组木构架之间，用横向的枋连接在柱的上端，并在各层梁头和脊瓜柱上安置若干与构架成直角的檩。穿斗式木构建筑也是沿房屋进深方向立柱的，但柱的间距较小，柱直接承受檩的重量，不用架空抬梁，而以数层穿贯通各柱，组成一组组的构架，其主要特点是用极小的柱与穿做成相当大的构架。

中国古代木构架的优点主要是：承重与围护结构分工明确，抬梁式木

[1] [2] 邵英华、李笑非．木结构建筑 [J]．中小企业管理与科技（下旬刊）：2011，（4）：103-104.

结构在平面上可以形成长方形柱网，柱网的外围可按需要在柱与柱间砌墙壁、装门窗。构架节点所用的斗拱、榫和卯都有伸缩余地，所以具有一定的抗震作用。

以木构架为主的建筑体系，在平面布局方面具有一种简明的组织规律，就是以间为单位构成单幢建筑，再以单幢建筑组成庭园，进而以庭园为单元，组成各种形式的组群。中国封建社会的建筑，由于受等级制度的影响，对于抬梁式木构架的组合，只有宫殿、寺庙及其他高级建筑才允许在柱上和内外檐的枋上安装斗拱。斗拱是在方形坐斗上用若干方形小斗与若干弓形的拱层叠装配而成的，斗拱最初用以承托梁头、枋头，还用于帮助外檐支撑出檐的重量，后来才用在构架的节点上，而出檐的深度越大，斗拱的层数也越多。

山西省民居大院，极具特色的门檐体现了清朝末期的建筑风格

2. 中国木构建筑的风格与景观

"经过长期的探索和经验的累积，中国古代木构建筑创造了丰富多彩的艺术形象，形成了不少的特点"。[1]主要特点体现在以下方面：第一，单幢建筑从整个形体到各部分构件达到了功能、结构和艺术的高度统一，民间木构建筑艺术处理比较朴素、灵活，而宫殿、庙宇、邸宅等高级建筑则往往趋向宏伟、壮观的风格。庑殿、歇山、悬山、囫顶和攒尖是中国古建筑屋顶最常用的形式，它们充分反映了中国木构建筑的艺术风格。在封建社会，像庑殿、歇山这样的屋顶一般只有皇宫建筑和重要寺庙才能采用。第二，木构建筑群的总体艺术风格独特，如北京故宫，以天安门为序幕，外朝三殿为高潮，景山为尾声。一般来讲，重要的寺庙建筑可先从外门至主殿，主殿后是台和阁，这种处理手法与欧洲古典石构建筑有着本质上的区别。第三，中国木构建筑的室内空间可将功能和构件装饰完美地结合起来，比如既有承重作用又有室内装饰作用的斗拱，最能够体现中国木构建筑的特色。另外，木构建筑中的门窗、隔墙、天花和藻井也充分反映出了中国建筑的风格与特色。中国地大物博，各民族、各地区的木构建筑也具有自己的风格与特色。春秋时期宫殿建筑已开始使用原色；南北朝、隋唐时期的宫殿和庙宇多用白墙、红柱，或在柱、斗拱上绘有各种彩画，屋顶覆以灰瓦，少数重要建筑用琉璃瓦；宋

[1] 石昆鹏．浅淡虚拟建筑文化遗产展示研究的时代特征与必要性 [J]．艺术与设计（理论）：2008，（8）：35-36.

朝宫殿开始使用白石台基和红色墙，檐下用金、青、绿等颜色来绘彩画。

　　不同于可以保存千年的石构建筑，木构建筑的木材很容易受到虫蛀、腐烂和焚毁，因此，合理、有效地维修与保护古代木构建筑已是当今建筑界的一大课题。如今，许多优秀的古代木构建筑已作为历史文化遗产受到重视和保护，但需要强调的是，一定要遵循修旧如旧的原则，不能破坏木构建筑原有的结构材料和风格面貌，不但要对重要的单幢木构建筑进行保护和维修，更要重视群体木构建筑环境的保护，尤其是闲置不使用的木构建筑，由于长期空关，不通风，更加容易腐烂及损坏。

江苏省苏州拙政园

山东省孔庙奎文阁

（七）日本木构建筑景观与环境

1．日本木构建筑的构造与特点

日本木构建筑的主要型制有和式、唐式、天竺式。和式代表了日本本土木构架的风格，柱子大多比较粗大，外墙多用木板；唐式则代表从中国传入的建筑风格；和式和唐式比较坚固，整体刚度好。奈良东大寺南大门采用的是天竺式木构架，但由于天竺式所用木材较多，在日本并未被广泛采用。

日本木构建筑在设计风格上以干练简洁、优雅洒脱见长，特别是在环境和意境的营造上更重视自然材料的潜在美。1994 年被评为世界文化遗产的金阁寺，建于公元 1397 年，共三层，二、三层除屋顶外全部镀金，在阳光的照耀下，水池中的倒影与金阁寺交相辉映、金碧辉煌，使建筑与自然融为一体，展现了绝佳的效果；日本国宝级建筑银阁寺，室外场地上人工制造的银色沙滩及建筑小品向月台关系协调，构成了一幅月光下的银色世界清凉图。

日本京都市清水寺——建造在悬崖边上的木构寺庙

日本木构建筑一般都建造在平地上，但也有少数根据地形特点建

阳光照射下的日本京都市金阁寺金碧辉煌

阳光照射下的日本京都市银阁寺意境深远

造在山上，如日本京都市清水寺。清水寺初建于公元 798 年，重建于 1633 年，它被建造在悬崖峭壁的边沿，前院和侧翼支在六层高的木构架上（一般称为"清水舞台"），禅室和佛坛的占地面积不大，主要部分是开敞的供公众活动的大厅。建筑整体上淡化了宗教建筑的庄严感，站在清水寺宽敞的平台上，遥望远方的山水风景，顿觉空间开阔、自然界气象万千，反映了日本人民对自然建筑环境的一种追求。日本的木构建筑在规模上并不算雄伟壮丽，但却以结构简洁、牢固，色彩雅致和原貌完好闻名于世。大多数木构住宅建筑外形不高、构造简洁，外墙一般由木板和木格子门窗组成，风格较为朴素。

2. 日本木构建筑的风格与景观

就日本木构建筑单体而言，无论是古塔，还是宫殿、民居，其规模都要小得多，但日本政府和民众对古代木构建筑的保护和维修是非常重视的，因此，至今仍能看到许多古老的木构建筑原物，有些虽然经过重建，但仍然保留了原始建筑风貌。

作为古老的木构建筑，日本奈良市的法隆寺已被列为世界文化遗产，据传始建于公元 607 年，受到中国南北朝时期建筑的影响，它的金堂和塔分别建在中轴线的东西两侧，平面布局在对称中求变化，整个院落环境庄严古朴，同时木构建筑又不失轻巧灵活。法隆寺中的梦殿建于公元 601 年，原物至今保护完好，这是很可贵的，其六角形平面稳重坚固，坡层顶檐口深远，排水方便，梁柱结构体系简洁牢固，柱杆的顶端包着铜皮，以防止木材被雨水侵蚀，整个木构建筑不施彩绘，以体现自然材料的质朴和亲切。法隆寺中的藏经楼同样是奈良时代的原物，里面藏有日本各个历史时期的重要历史资料，为了防潮，底层全部架空，整个建筑通风良好。法隆寺内的许多日本古代木构建筑能够保留至今，主要在于对文物古迹的重视，为此，联合国教科文组织采取了一系列强有力的保护措施。目前，日本的文物古迹主要包括由联合国教科文组织评定的世界文化遗产以及日本本国评定的国宝级和省市级的文物古迹。日本政府对各级文化遗产采取不同的保护措施，对于世界文化遗产中的木构建筑，不但保护它的单体，同时也注意保护它的周边环境。如奈良的东大寺，初建于公元 751 年，依山坡而建，周围放养了许多鹿，人、动物与建筑共生存，这样既保护了周边的生存环境，又为人们进行宗教活动提供了一个良好的场所。东大寺的南大门建于公元 1199 年，歇山式重檐屋顶上的两层檐口全部用柱身上的插拱挑出，远达 6m，每层用 6 跳插拱，整个结构体系受力明确，整体刚度好，但这种结构形式需要木材太多，以致不能长期广泛流行。东大寺的一个重要木构建筑，大佛殿（金堂），公元 751 年初建时，面阔 11 间，进深 7 间（87.87 m×51.51m），两层高 47.27m，有 84 根木柱，但不幸被焚毁；1696 年重建大佛殿，规模比原先小一些，面阔为 7 间（56.81 m×52.57m），高 44.24 m，目前仍然是现存的最大的木构建筑物，其结构采用天竺式，稳重、结实，而其屋顶和斗拱则体现了中国唐朝时期的建筑风格。

在近代社会的早期，日本的政治中心从奈良市向京都市转移，这时期木构建筑仍然是日本建筑的主要结构形式。1994 年被联合国教科文组织评为世界文化遗产的元离宫二条城，就是一组规模较大的木构建筑群落，占地总面积 270 000 m²，建筑面积 7300 m²，它建于公元 1601 年，目前保存良好。其中的主要建筑为二四丸殿，是日本的国宝，平面曲折形，四周通过道廊来实现交通的顺畅，建筑功能多样、造型丰富、色彩素雅，檐口和山花处以贴金的形式进行装饰，在阳光的照射下，建筑熠熠生辉。二条城中的本丸御殿则是一个素雅的单体，它充分展现出木构建筑的古老和质朴风格，另外，东大厅的木大门与石墙结合也富有新意，木构建筑与庭院的结合也很自然、亲切。二条城的本丸庭院是日本的名胜，风格简洁，其中水池、小桥、坡地与建筑自然融合，恰到好处。

日本奈良市法隆寺藏经楼，底层架空，可防潮防湿

日本奈良市法隆寺是日本最古老的木构建筑

日本奈良市东大寺南大门，采用歇山式重檐屋顶，整体刚度好

日本奈良市东大寺大佛殿，具有中国唐朝时期的建筑风格

日本京都市的木制御殿，素雅单体展现出木构建筑古老而质朴的风格

（八）澳大利亚花园住宅景观与环境

1．澳大利亚花园住宅的类型与环境

澳大利亚的花园住宅通常有以下几种类型。第一种使用最多，也是大多数澳大利亚人喜欢的普通花园住宅，英文为Townhouse，中文简称城镇住宅，一般占地面积最小的也可达到666.67平方米左右，并附带花园。这种早期的城镇住宅大多用木板做住宅的围护外墙，其保温隔热效果较差；比较高级的花园住宅则用双砖做住宅围护外墙，而近年来则多采用单砖砌成外墙，既牢固又有一定的保温隔热作用。这样的住宅样式有多种，多数为英国式，甚至可以细分到不同时期的英国风格。第二种英文为Unit，中文简称单元房，多数为单层住宅，通常几户人家合用一条公共道路，最前面的一户紧靠道路，视野开阔，后面的房屋则多靠近侧面庭园，庭园绿化面积有限且呈半封闭或封闭状态；这种住宅每户占地面积比城镇住宅小，比较节约用地，一般多被澳大利亚的移民采用；单元房的造型比较简洁，有的局部略显传统建筑风格；近年来，双层单元房发展较快，几户人家共用一条道路或一个院落，每户占地面积较少，既经济又实惠。第三种英文为Flat，中文简称公寓房，这种房屋往往有几层楼面，每个楼面有几套房，可以住上几户人家，室外有集中的庭园绿化，在生活上有极大困难的人往往可以享受政府分配的这种福利房，这种住宅每户的占地面积更少，造价也较低。

澳大利亚花园住宅区的绿地覆盖率一般都在40％以上，多数住宅区种有大量的绿色植物，这些植物不断地进行光合作用，吸收二氧化碳和释放氧气，同时又吸滞烟尘和粉尘，使空气得到净化，这对于改善局部气候和人居环境起到了积极作用。一般情况下，城市中平均每个人拥有30～40平方米的绿地，空气质量就会较好，而澳大利亚的许多城市花园住宅区的人均绿化已超过了这个指标，绿地中的草皮、灌木、大树按自然规律自由生长，并定期进行适当的修剪，此外，人们对鸟类的爱护也使得树木更加茂盛。许多城市住宅区内不设封闭混凝土围墙，而用树篱和半开敞的花台分隔空间，这就使得住宅区甚至整个城市像一个天然的大花园。开敞的空间、生长良好的植被、丰富的动植物资源以及人们崇尚大自然的理念造就了今日澳大利亚花园般的城市环境。

2．澳大利亚花园住宅的庭园景观与环境

澳大利亚花园住宅的绿化面积大，并且多用可自然降解的建筑材料，如选用木材或树篱做成住宅围护墙和庭园的围墙护拦。澳大利亚人民崇尚自然

并且注重生态保护和可持续发展。具有传统观念且收入较高的家庭喜欢采用英国式的庭园绿化方式，灌木修剪成几何形状、高低错落、形态丰富。澳大利亚最普遍的还是花园住宅，庭园内的乔木、灌木、草皮很自然地互相搭配，道路与绿化密切结合，水泥地面暴露的部分较少，裸露的泥土上都种植了草皮，或用打碎的树皮加以覆盖，这样使得泥土和灰尘不易飞扬，在下雨时，雨水可以尽快地渗透到地下，同时也可减少城市的热岛效应，改善局部环境，形成良好的室外生态景观环境。花园住宅庭园中的护栏与道路等都尽可能少地使用混凝土、钢

墨尔本市花园住宅入口，路边大树、庭园小门与阳台上悬挂的植物构成了一道美丽的风景线

墨尔本市花园住宅入口处绚丽多姿的树篱围墙

悉尼市坡地花园住宅

材、塑料等不易降解的材料，而是选用木板，有些围拦还采用了树篱，这样既美观又生态；另外，花园住宅的庭园尽量采用开敞式或半开敞式，与道路没有明显的分隔，庭园空间与道路空间能互相渗透，人与自然和谐共存。澳大利亚的城镇家家有庭园，处处是花园，道路的绿化与庭园里的绿化交相辉映，形成了特有的生态型花园住宅环境。

墨尔本市花园住宅的道路转角处入口，围墙上的植物修剪整齐

墨尔本市高级花园住宅

（九）澳大利亚体育建筑景观与环境

1．2000 年悉尼奥运会场地位置与环境

2000 年悉尼奥运会的主会场位于悉尼西郊霍姆布什湾，场地原为一片工业区，为了满足体育比赛的需要进行了翻新与改建，在这里种植了近千棵树，使整个区域郁郁葱葱。街道以在澳大利亚被称为奥运英雄的人物名字命名，同时还建造了餐馆、商店和宾馆。另外，新增加了一个轮渡终点站，还专门修建了一条每小时能运送 5000 人左右的铁路线。包括田赛、径赛、游泳、羽毛球等在内的 15 项运动在霍姆布什湾进行，主会场中心是有着 110 000 个坐位的奥林匹克体育场(Olympic Stadium)，开幕和闭幕仪式均在此举行。位于霍姆布什湾的其他大型设施还包括悉尼国际运动中心、羽毛球运动中心、高尔夫球中心、悉尼展览馆和悉尼国际水上中心。奥运村能解决所有运动员及工作人员的膳食起居，比赛结束后这里便成了世界上最大的使用太阳能的区域，也是当地良好的居住场所。

奥运会主会场总体上宽敞干净、植被茂盛、空气新鲜，路牌、标志、路灯、垃圾箱、公共厕所以及各种景观小品（如喷水池、雕塑、花台等）布置得井然有序，特别是无障碍设施更是考虑周到，行动不便的人从奥林匹克公园火车站的透明玻璃电梯出来后，可轻松地到达各个比赛场馆。奥运会体育中心的各个场馆的建筑造型各有特色又彼此协调，在材料（钢结构、混凝土、铝板、彩钢板、不锈钢、玻璃、太阳能反射板、原木木板等）的选用上保持了统一的原则，既新颖又环保。

露天场馆

2．2000 年悉尼奥运会各场馆景观与环境

奥林匹克体育中心造型轻巧、设施完备，特别是在利用太阳能这一可再生能源方面，观念先进、设计合理、施工细致，给人耳目一新的感觉。此外，桑拿房、健身房、咖啡馆、室外花园等也应有尽有，整个场馆环境优美，自然而别致的屋顶构架被凸显出来，构思巧妙、别具一格。水上运动中心配有最先进的游泳设施，既可作为游泳比赛的场地，又有供大众休闲的游泳池；悉尼展览馆位于霍姆布什湾北端，各个场馆组成了建筑群，逶迤伸展，可举办悉尼最盛大的活动，如皇家复活节，主馆位于道路转角处，造型稳固、色彩稳重；羽毛球中心的单体建筑简洁大方，采用轻钢悬索结构，主体建筑为蓝灰色，钢索与吊架为白色，弧线形钢结构休息廊与蓝天白云相协调；板球中心造型轻巧、设施先进、色彩典雅，看台屋顶由钢索拉力固定，轻松新颖，坐位可自由伸缩，功能合理、使用灵活；售票处造型新颖，犹如自然界中的甲壳虫，而且材料环保、色彩明快、引人注目。高尔夫球场馆造型活泼、色彩鲜艳、标志性很强；高层旅馆位于主要道路转角处，是整个奥运会主会场的中心，交通方便、视野开阔；奥林匹克公园火车站，空间结构轻巧，细部构造精致，通风采光良好，环境优美，内部设施注重以人为本，功能完善、标志醒目、安全可靠，人们下火车后，可使用自动玻璃扶梯或上下玻璃电梯快速、安全地离开车站，去往各个场馆；街头广场位于水上运动中心的前面，水池、花台景色优美，道路开阔宽敞；广场公园位于奥运会主会场中心，空间开阔、绿化成片，特别是无障碍设施功能齐全，台阶、坡道、卫生间布局合理。奥运会体育场馆的室内外环境优美，标志清晰明了，垃圾箱、路灯、音箱等组合巧妙、整齐干净、色彩醒目、使用方便。

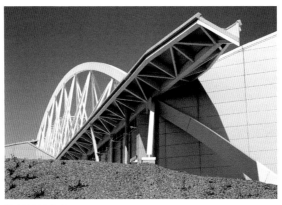

排球馆屋顶构造

2000 年悉尼奥运会主赛场，太阳能发电，环保节能

2000 年悉尼奥运会期间的便利店，撤装灵活，生态环保

篮球馆造型简洁

高尔夫球场馆

高尔夫球场馆入口处

（十）城市轨道交通建筑景观与环境

1. 城市轨道交通建筑的功能与场地

近年来，我国城市建设蓬勃发展，蒸蒸日上，轨道交通作为城市交通中的一个重要的组成部分，越来越受到人们的重视。随着城市的扩张和人口的激增，原来的交通工具已不能满足人们的要求，因此，开通地铁和轻轨便成为我国许多大中型城市改善交通环境的有效措施之一。我国的城市轨道交通起步不久，但发展迅速，近年来，上海、北京、广州、南京等城市都已相继建造了一定规模的地铁与轻轨，比如上海正在使用的地铁一号线、二号线、三号线、四号线和磁悬浮列车，以及正在筹建的其他若干条线路，这些交通网络的逐渐形成将扩大城市的发展空间，因此，车站的实用、安全、美观已成为当前城市交通发展的一个重要课题。

地铁站必须满足乘客能够快速进出地铁、安全舒适地候车和短暂地休息等要求。一些规模较大的地铁站因进出人流量较多，可提供临时的吃、喝、玩、购等休闲服务，使地下空间更加丰富多彩，同时也可使地铁的商业价值得到充分发挥，如日本京都地铁站大厅和多功能休息大厅，环境优美、舒适，多数地铁站出入口采用自动电梯与楼梯并用的方式为乘客进出地铁站提供方便。但也有少数地铁站采用自然过渡的方法，用坡道连接地铁站的室内外空间，如法国巴黎地铁站入口，周边地形与车站室内空间自然过渡，地铁站大多设在地下，采用人工与机械设施实现通风和照明，空间质量和照明环境都有一定的缺陷，因此，在设计和规划地铁站和地下空间时，要根据车站人流以及地形、地貌特点，采用人工采光和自然采光、机械通风和自然通风相结合的方式，并尽量采用自然通风和自然采光，澳大利亚悉尼奥林匹克公园地铁站就是如此。

2. 城市轨道交通建筑的风格与景观

地铁站的装饰应根据每个国家或地区的风格与环境来设定装饰的内容，应以实用为主，并充分考虑安全因素、所带来的艺术享受以及适当的广告效应。地铁站还应根据不同的地形、地貌及方位来进行装饰。如法国巴黎地铁站大厅，空间高大且富有浪漫的艺术气息；而奥地利地铁站简洁的艺术造型与流线型的地铁列车相呼应；莫斯科地铁站具有别具一格的古典风格；上海静安寺地铁站在施工时发现附近地下埋有许多文物，便在设计时把这些文物和地铁站大厅的装修很好地结合起来，使人一走进车站大厅就能感受到静安古寺的历史文脉。另外，还可以根据车站结构的特点进行装饰：如钢筋混凝土结构的地铁站，其构造相对比较厚实，装饰采用的材料多是大理石、面砖，并与混凝土搭配；而钢结构的地铁站，其屋顶比较轻巧，采用玻璃、不锈钢等材料进行装饰。

轻轨是一种穿梭于地面之上的轨道交通方式，与地铁相比，投资较小、线路灵活、设施轻便，因此，近年来受到城市居民的普遍欢迎，轻轨车站多数宜建造在城市中人流较多的区域，并充分利用原有的铁路干线。如上海轻轨三号线，在市中心原有的铁路线上架起轻轨支撑结构，在人流较多的居民新村或车辆转换地设置轻轨车站，这样可以解决城市居民上下班高峰时的拥堵问题，对改善城市交通环境起到了举足轻重的作用。由于旅客进出时间较短，轻轨车站的规模一般不宜太大，但可以设置一些书报亭、面包房、礼品店等常用的服务性商店，为旅客提供方便。此外，还可考虑在邻近码头、机场、火车站、广场等设置轻轨车站，使旅客出行更加方便。

轻轨车站要求安全、方便、快捷、灵活，每个车站可以根据其所在地区的不同地理环境、经济、文化特色等在造型上加以区别。在城市经济开发区建造轻轨车站，其车站造型可新颖、活泼，具有时代风格；但在古城保护区或重要的历史传统文化建筑群中建造轻轨车站时，就要考虑到车站造型与传统历史风格的协调性，使其成为能反映当地传统风貌的一个景点，如德国柏林轻轨车站利用老的工业厂房进行适当改造，使得轻轨车站既具传统风貌又有现代气息。另外，新建轻轨车站除了要与地面、墙面、吊顶的装饰风格保持一致外，还应与轻轨列车的风格与特色相呼应，如上海磁悬浮轻轨列车，它是当今国际

上海市地铁站之一

上海市地铁站之二

上海市地铁站之三

上海市浦东区磁悬浮列车站局部构架

上最先进的轻轨列车之一，车站的流线型空间结构与快速列车的外型极为协调，如今也成为了中外游客参观的又一景点。

上海市浦东区磁悬浮列车站

日本京都市地铁站大厅

澳大利亚悉尼市奥林匹克公园地铁站之一

澳大利亚悉尼市奥林匹克公园地铁站之二

澳大利亚悉尼市奥林匹克公园地铁站之三

澳大利亚悉尼市地铁站大厅

德国柏林老厂房改建后的地铁站

北京市地铁站之二

北京市地铁站之一

北京奥林匹克中心地铁站，顶部树枝形构造别具一格

北京奥林匹克中心地铁站内的通道扶手与前置壁画相得益彰

北京奥林匹克中心地铁站内舒适的候车长廊

北京雍和宫地铁站，楼梯处壁画金碧辉煌

北京机场线车站

北京雍和宫地铁站，大红柱子、汉白玉栏板体现了皇家风格

（十一）香港、上海城市建筑景观与环境

1．香港城市建筑景观与环境

香港位于祖国东南海岸线上，珠江口东侧，地处亚热带，是典型的滨海丘陵地带，在历经褶皱、造山运动及沉积后形成。香港的山岭和丘陵众多，平地很少，主要平地仅九龙半岛及一些狭长的沿海平地，不少建筑依山坡而建，陡峭的街道及盘绕山道是香港的主要特色。

第一次鸦片战争后，清朝政府与英国于1842年签订了不平等的《南京条约》，割让香港岛于英国。第二次世界大战以前的香港，城市建筑具有殖民色彩，布局和形式多数是从英国沿袭而来，早期的重要建筑大多呈英国古典式，平面布局较为规则，外立面多带有柱廊。第二次世界大战结束后，国内爆发了解放战争，香港移民大量涌入，1950年香港人口达200多万。当时百废待兴，特别是社会对建筑的需求量很大，几十万人口在临时搭起的简易房屋中生活或露宿街头，期间多次发生的火灾引起了香港特别行政区政府的重视，并制定了一系列建设政策。如1955年香港特别行政区政府公布的建筑新条例，准许建筑物高度为街道宽度的1.25倍，1956年修改了条例，解除了住宅的高度限制，以便充分利用土地。这时期的建筑大多是为满足人们的基本生存要求而建，其中有一半的人口居住在政府资助的公房（在香港被称为"屋村"）里，这种房屋中的一条长廊连着几十户人家，一家数口挤在十几或二十几平方米的房子里，建筑外形单调，居住环境质量很差。上个世纪70年代以后，"出现了石油危机和美元危机，世界经济不景气，许多发达国家相继拨资香港，使香港成为了世界三大金融中心之一"[1]，住宅问题也随之引起了越来越多的重视。1972年，香港特别行政区政府宣布实行"10年建屋计划"，1973年成立香港房屋委员会，全权负责公营房屋计划。"居者有其屋"的政策出台后，大量的高层住宅相继建成，高层高密度已成为香港住宅的一大特色。由于城市中绝大部分的土地是丘陵，因此，建筑之间的间距是很小的，但是，建筑的容积率很高，一般商业建筑的容积率可达10%～15%。高容积率给房屋开发商带来了巨大的经济效益，增强了他们投资开发房屋的信心，也促使了香港地价的快速增长。

近20年来，香港城市公共建筑发展得很快，给世界各国建筑师带来了机会，各种风格的建筑相继出现。如于1986年由英国建筑师福斯特设计的香港上海汇丰银行有限公司大厦，底层是架空的，可供行人往来穿行，每到周末，底层便会聚集大量人群，大厦内外，无论材料的运用还是环境设计，

[1] 吴耀东. 当代香港建筑的发展历程 [J]. 世界建筑: 1997, (3): 16-20.

都能做到精致而不呆板，丰富而不杂乱；于1989年建成的、由建筑师贝聿铭设计的中国银行大厦，通过三角形母题的巧妙变换，节节升高，形成了香港城市轮廓线上的一个新的制高点；1997年为庆回归而建成的香港会议展览中心，以其轻巧舒展的外形和宽广明亮的室内外空间给维多利亚海港增加了一处新的景观。香港气候潮湿闷热，所以多数高档住宅或别墅建在地势较高的半山腰或山顶上，如居住在太平山一带的高级别墅的居民通常是高收入人群，而外国人往往将居住的地方选在风景优美、通风条件良好的海边。位于香港大屿山东北部的愉景湾占地65 000 m²，规划人口20万人，一期和三期工程有16 000个居住单位，建筑面积达45～300 m²，拥有低层、高层、多层住宅楼和花园住宅，住宅区配置了交通站、市民俱乐部、购物中心、学校、高尔夫俱乐部、游泳池和海滨休闲场所。整个建筑依山傍海、高低错落，独立式小别墅风格多样，带柱廊的新古典高层公寓依山坡而建，绿化、台阶、建筑小品有机结合，生活设施完善，是一处理想的居住场所。香港市区内开阔的地带不多，占地面积较大的多数是大学，如香港中文大学、香港城市大学、香港科技大学，并且都建在山上或半

山腰上。香港科技大学坐落于清水湾险峻的山坡上，占地600 000 m²，背靠山峦，面向景色优美的牛尾海，校园的主要入口设在建筑北面，连接

香港中国银行大厦周边环境　　　　　香港城市中心绿地

着清水湾道。校园里的主要建筑有行政大楼、图书馆、多功能运动场。教室、研究实验室分别由大小不同的广场和庭园连接起来，形成一栋大型的建筑。在校园内的所有的建筑都有统一的外观，整体上采用简单的几何线条，而每栋建筑又有其独特的功能。各主要单体建筑沿山坡而建，外墙选用瓷砖贴面，颜色以浅灰色为主，部分细部采用夺目的颜色，以形成对比和反差，使建筑

的颜色搭配得更加合理。香港山地建筑的密度很大，前后建筑之间的距离很小，如中国银行大厦，虽然周边用地面积很小，但在建筑与建筑的连接处设计了台阶、花台、踏步、流水瀑布与绿化等，造就了山野趣味，营造了山地建筑别样的氛围。

2. 上海城市建筑景观与环境

上海是在多元化的文化背景下发展起来的开放型城市，建筑风格的多样性是上海城市建筑的一大特色。上个世纪20年代至40年代，是上海城市发展的快速期，当时的上海被誉为"东方巴黎"。后来，改革开放使上海进入了一个新的发展时期，高层建筑由1990年的900多栋增至1997年的20 000多栋。城市建筑环境面貌发生了巨大的变化，上海再度成为一座受全世界瞩目的大都市。在如此快速的经济发展过程中，对如何保留上海的传统历史文化，笔者在10多年前就提出了这样的观点：城市的经济发展必须与城市的传统历史文化相结合，以满足人们多层次的心理追求。上海外滩建筑群轮廓线的保留，至少可反映出上海城市建筑在上个世纪20年代至40年代的一段历史；金陵东路沿街骑楼的保留与改造，同样也可看出早期上海作为"东方巴黎"的历史风貌。改革开放之后，虹桥开发区相继建成一大批新建筑，这些风格多样的新建筑显示出上海海派建筑的新特色。近年来，上海越来越重视建筑环境的改造。在虹口区大柏树附近的上海商务中心对面的街道广场上设置了开放的露天喷水池与人造瀑布，创造了一个开放式的、优美的街头休息场所；上海人民广场，从原来一个以政治集会为主的场所，转变成如今集市政府办公场所与市民文化活动中心为一体的休闲广场；前几年完工的上海外滩防洪墙改造项目，结合了江边的地理环境，综合了规划道路、花台、雕塑、喷泉、瀑布、壁画、栏杆、绿化及夜间灯光，形成了上海的一大景观。

香港与上海都是沿海或沿江的大都市。香港回归祖国后，其发展引起越来越多的重视，香港的城市发展不能仅靠填海来扩大土地面积，如香港的黄金海港——维多利亚港就是因此而变得越来越窄。建筑结合了山坡、丘陵的地形特点和闷热、潮湿的气候特点进行设计，使香港成为一个具有海岛风光的国际大都市。而上海在快速发展的21世纪，应重视城市生态环境，前几年淮海路改造时，挖除了街道两旁的参天大树，给淮海路留下了后患，每到夏天，人们在淮海路上休闲购物时，毫无遮挡的阳光让人们感到闷热。因此，在发展经济的同时，既要对上海原有的传统历史文化加以保留和利用，又要加快改善与更新原有的环境，使上海成为美丽而又开放的国际化大都市。

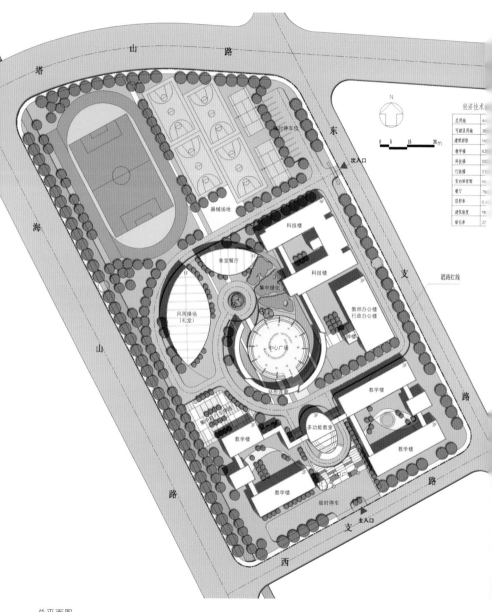

总平面图

三、城镇建筑规划与景观设计实例

（一）象山县城东小学规划

该项目位于浙江省象山县。校园的开放空间是指以发挥着主要功能的景观轴为主线进行组织的空间体系。入口是整个校园开放序列的起点，进入校园后是景观通道，随后可看到标志性建筑——多功能教学楼，独特的建筑形式使其在空间上成为了视觉焦点。在多功能教学楼之后是中心景观广场和学生服务区，该区域的开放空间追求人性化的设计，结合了学生的使用要求，以宜人的空间尺度和丰富的场地变化，成为具有亲和力的交流空间。海浪形的景观轴使整个校园的各处开放空间形成延续，并且符合校园所处的地理位置及环境特点，从而组成一个统一的整体。

组团开放空间的设计结合了各个组团的布局形式，突出了环境要素的作用，形成了具有围合感、空间形态丰富、绿化环境良好的特点。

校区内的各个功能楼的设计强调了内部环境和建筑之间的围合空间的塑造。通过采用连廊、架空平台等设计手法，各个功能楼之间形成了丰富的空间变化效果，从而为学生创造了一个良好的学习与交流的空间。

透视图

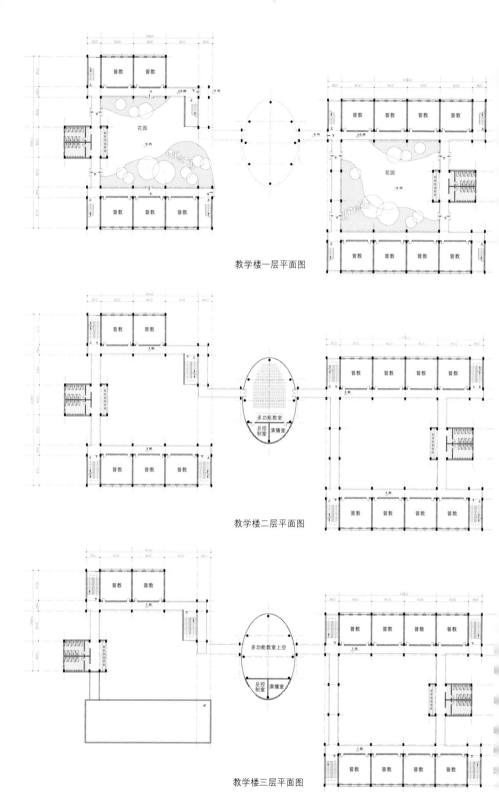

教学楼一层平面图

教学楼二层平面图

教学楼三层平面图

教学楼北立面图

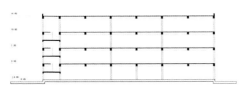

教学楼剖面图

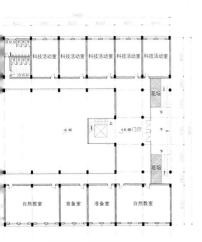

科技楼一层平面图

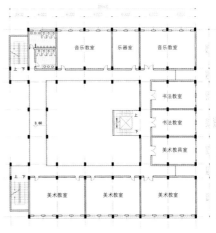

科技楼二层平面图

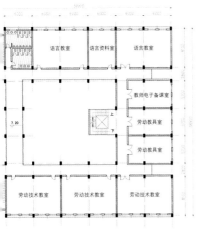

科技楼三层平面图

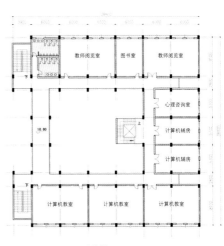

科技楼四层平面图

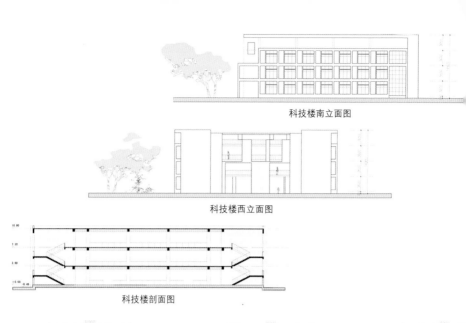

科技楼南立面图

科技楼西立面图

科技楼剖面图

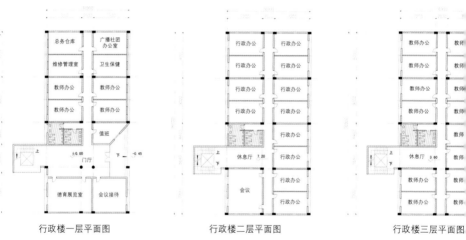

总务仓库	广播社团办公室
维修管理室	卫生保健
教师办公	教师办公
教师办公	教师办公
	值班
上	门厅	下	-0.45
德育展览室	会议接待

行政楼一层平面图

行政楼二层平面图

行政楼三层平面图

行政楼西立面图

行政楼北立面图

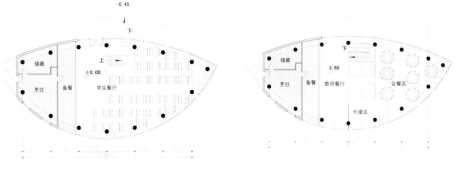

餐厅一层平面图　　　　　　　　　　　餐厅二层平面图

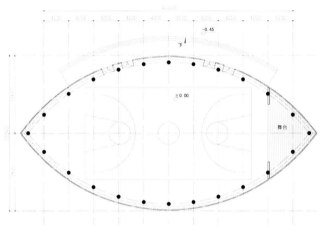

室内操场平面图

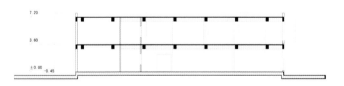

餐厅剖面图

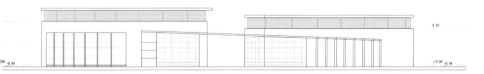

餐厅、室内操场立面图

（二）滨海区景观与环境——象山县爵溪镇东海岸度假村建筑设计

1．工程概况

（1）场地位置及规划范围

该项目位于浙江省象山县爵溪镇，西南面靠山，东面及北面朝向大目洋。整个度假村由独立式度假房和联排式度假房组成，占地约 16 454 平方米。

（2）设计内容

该项目包括度假村的整体布局规划以及会所、独立式度假房、联排式度假房的建筑设计。

2．规划设计

（1）形成以赏"水"为特色的幽雅度假村

该项目的东面及北面朝向大目洋，自然环境优美，并且力求使每栋度假房都能够面向水面，使宜人的山水景观成为本度假村的最大特色。该项目所采用的手法包括：根据原有地形使度假村形成西南高而东北低的地势；使度假房阳台和卧室尽量临水；通过步行通道使度假村的公共空间导向水边；度假村内部设置线形的人工小水面，使之与外部的大尺度水面相呼应并形成对比。

（2）形成以起伏的山坡环境为特色的生态度假村

该项目场地的地势西南高而东北低，通过改造并对局部重新进行塑造，使度假村地势向水面倾斜，从而使游客享受自然水体的景观之美，同时在场

总平面图

地内建设包括有坡地、台地、山地等多种地形的住宅区，使每个度假房都拥有与众不同的外部环境，展现山地度假村的生态特色。

3．建筑设计

（1）建筑风格

度假村的建筑整体呈现的是欧式别墅的风格与特色，而关于形体和立面分割方面，在突显欧式特色的基础上力求简洁、大方。鉴于场地的生态景观环境，度假房的设计追求的是给人带来乡间悠闲自得的舒适感。

（2）满足不同消费人群的户型设计

在户型设计上，包括从 $210\,\mathrm{m}^2$ 到 $250\,\mathrm{m}^2$ 多种规格的户型，可满足不同消费人群度假、休闲的需求。因此，该项目力求通过户型设计使每栋度假房具有最好的通风、日照等条件和最佳的观景视野，保证客厅和主卧室能够面海，而独立停车间可以满足现代人对高品质生活的追求。

（3）会所

会所是整个度假村的建筑中最不同寻常的个体，具有较大的尺度和高度，与广场、水体、绿化等有机结合，成为了整个度假村中极为重要的建筑。会所的造型展现了欧式风格，同时采用大的弧形平面，以强调它的特色并体现它作为度假村的核心空间的作用。整个小区的水箱设在钟楼内，既实用又美观。

鸟瞰效果图

（三）"学舟"园——象山县丹城中学建筑设计

1.项目概况

该项目坐落在浙江省象山县"教育园区"西侧，东二环路以西，东大河以东，丹阳路以北，周边的环境较好。东、南、北三侧靠近城市道路，具有较好的交通条件，西侧靠近东大河，具有优美的自然景观。北侧与其毗邻的是一所待建的小学（计划占地 26 667 平方米左右），场地面积 95 000 平方米。

象山县丹城中学建成后，将与其东侧的高教成教中心遥相呼应，对于城市化建设具有积极作用。为了贯彻县政府提出的总体要求，两校各自建设，相对独立，展现了象山县人民的审美观以及属于滨海城市的独特文化气息。

2.指导思想

（1）结合场地的位置和地貌特征，创造富有个性的建筑布局与结构形式；

（2）创造优美的校区环境，使学生热爱学校并感到自豪，给来访者留下深刻的印象；

（3）合理布置绿化和景观小品，让所有师生都能最大程度地享受阳光、绿化、空气和微风。

3.设计原则

（1）整体性原则

整体性原则主要包括功能的整体性和环境的整体性。该项目注重强化学校的教学功能，兼有住宿及举办其他活动等功能，达到主次分明、特色突出的效果；在环境上，主要考虑场地内的环境与周边环境的连续性，强调整体效果与局部变化。

（2）尺度适宜原则

根据不同的使用空间在功能和主题的不同要求，赋予建筑和开放空间以合适的规模和尺度。

总平面图

（3）生态性原则

校园是城镇生态体系中的一部分，它与城镇整体的生态环境紧密联系。因此，应根据当地特定的生态环境选择合适的植物，除此之外，还要充分考虑区域内自然环境要素的搭配是否合理，如阳光、植物、地势、风向、水面等，以实现趋利弊害。

（4）多样性原则

在设计中，设计师除了赋予场地一定的功能外，同时也给予了其多样化的空间表现形式和特点，满足师生们的需要。同时，校园内用于餐饮和运动的建筑亦应呈现多样性、艺术性、娱乐性和休闲性等特点。

（5）科技性原则

在设计中考虑尽可能地发挥现代科技的作用，并完善学校的各项配套服务设施，使其更具时代活力。

4．设计理念

设计师根据建筑的固有特性和时代特征，塑造了具有象山县本地特色的现代化中学校园。该校生源较广，学习活动多样化，这就要求该项目既能体现建筑的庄严性，又能具备文化特征。为此，从总体布局到立面造型设计，该项目都力求突出文化建筑的特点及时代性，充分体现学校内建筑的共性和个性。

由于象山县沿海，许多产业都是在渔民与大海同生共息的基础上延续下来的，因此，设计师将主体建筑的空间形态设计为"海船"的形式。这样设计的好处体现在以下几方面：第一，改变了若干年来千篇一律的平板式建筑形式；第二，可以使莘莘学子对祖先更加尊敬，激发他们奋发图强的动力；第三，带有"长风破浪会有时，直挂云帆济沧海"的寓意，希望学生们扬起人生的风帆，驶向理想的彼岸。整个设计一举多得，实现了形态、功能与理念的"三位一体"。

在各主要建筑入口立面上，呈现出了对称性，以保证建筑的庄重感。而"海船"的中间是绿化的内部庭院，可作为师生交流的空间。

5．平面设计

（1）各空间采用模数化设计，形成了具有不同功能的教室，以满足多样化的授课需求。

（2）在设计中引入了"开放空间"的概念，教学楼、科技楼、宿舍楼采用了局部架空的方式，内部提供了院落空间，在各层的适当位置还安排了休息区与展示区等。校区不仅有较高的欣赏性，还实现了各部分的有机结合。

（3）教室大多朝南或设置南北向走廊，避免出现内中廊模式。

（4）报告厅在造型上重视创新，在功能上也极具实用性，风帆形的顶棚使它成为学校内部的标志性建筑。宿舍楼在空间的利用上也具有灵活性，可根据学生人数的改变而进行调整。

6．建筑造型

（1）建筑造型力求突显实用性和文化性，运用了一些新技术、新材料、新工艺，将大体块的实墙与玻璃对比穿插，体量适中，使各建筑之间既有区别又有整体感。

（2）建筑造型避免古板，注重与周边环境相协调，并且采用了遮阳板、楼梯、栏杆等元素来丰富立面造型，营造出轻快和飘逸的氛围。

7．规划设计

（1）总体布局

构筑一个有机的整体并创造出积极而有趣的室外空间是总体规划设计中的重点。通过对多种方案进行对比，最终选用"一轴四区"的总体布局方式。该项目占地面积约 94 667 平方米，场地呈矩形，正南方向呈现出一个较大的交角，因为浙北地区的建筑在朝向上有严格要求，要朝向正南方向。该项目的重点是进行功能分区的同时也要考虑各区间的联系，使各部分既可以展现个性，又能形成一个整体。设计师运用由道路转角引入校园中央的、独特的斜向景观主轴和绿化步行系统连接各个主要建筑，在营造优美环境的同时保证了各组团之间的联系。

该项目在平面构图上避免了呆板的行列式的布局形式，形成了活泼而连

校门透视图

贯的规划布局，产生了既分又合的结构形式，传达出了围而不隔的空间规划理念，同时还对功能用地、发展强度、服务设施等进行了全面的考虑。

（2）交通组织

道路系统是规划的重要组成部分，该项目既注重道路系统的交通功能，又强调其景观功能。设计划分出了人行系统与车行系统，并将停车位设置在建筑旁，为出行提供方便。自行车道环绕在主体建筑四周，与院落空间有一定的距离，引入的道路为尽端式，以防车辆在绿化带及人行系统中穿行。

（3）绿化景观

绿化设计采取分散与集中相结合的方式，将点、线、面结合在一起，从而形成和谐的交流空间。绿化设计强调层次性，从最外围沿东大河的城市绿化带至景观轴上的集中绿地、庭院绿地，各空间各具特色，以满足不同的需要，营造出舒适宜人的小气候以及真正的绿色生活环境。

大部分建筑底的层设有公共空间，并提高底层标高 600 ~ 900 mm，这样有利于底层防潮，同时协调室内外空间的过渡尺度和公共空间的尺度。自行车道为尽端式，以增加绿化面积。

（4）景观系统

建筑空间形式与环境景观序列始于场地南端的入口广场，并向北延伸，形成景观主轴。入口广场是景观序列上的第一个节点，而造型简洁的大门和标志性的报告厅是丹阳路的第一个视觉焦点。由入口往北便进入景观主轴，以行道树为中心组织中央绿化景观区。沿东大河绿地设置了许多景观小品，营造了优美的步行景观环境。步移景易的设计理念渗透在线形的步行道路中，使校园内处处皆美景。

（5）环境设计

①学校内外的环境相互呼应与衬托，如食堂通过迎向东大河的长廊借到了东大河沿岸的优美"背景"。

②学校内的道路采用了软性材料，以增强绿化效果；学校内的乔木与灌木采用了交叉种植的方式，人、建筑与自然互相融合，达到天人合一的境界。

8．校园给排水及供电说明

中学与小学的自来水供给通过场地南侧的丹阳路进入，而废水和污水自下水道流出，采用雨污分流的排水方式，达到了国家规定的污水排放标准；变电所设在场地南侧，位于丹阳路边，电线基本采用电缆埋置的方式，使地面保持干净、整洁。

（四）可持续发展的绿色住宅建筑设计

进入 21 世纪后，环境问题不但受到了各国政府的普遍重视，而且引起了广大人民群众的关注。地球环境的恶化不仅会影响到人类的健康与安全，还将关系到人类的长远发展，人们花费大量的财力和物力建造钢筋混凝土建筑和钢结构建筑，而在百年以后，建筑功能将会发生变化，建筑材料也会老化，这些庞然大物将成为一堆垃圾。人类在建造建筑时，既要考虑现在的使用状况，又要设想百年以后这些建筑的出路何在，因为地球上可利用的自然资源是有限的。随着世界人口的快速增长，自然环境的破坏程度也越来越严重，如森林资源的快速减少、河流的严重污染、城市有害废气的排放、各种建筑材料的化学反应、能源的过渡使用等，最终都将危及人类的生存，因此，走持续发展的道路，给子孙后代留下良好的生存空间应引起人们的高度重视。用木材造房子，自古就有，人与树木是相互依赖的关系，如果地球上没有了树木，人类也将灭亡，因此，如何合理地使用木材是设计师们应重视的课题。

圆顶住宅就是一种壳体的绿色建筑，它的外形像半个馒头，壳体木板厚80 mm，住户可以自己拼装并建造，整个建筑抗震性强，在较恶劣的气候条件下也不易被破坏。其室内装修符合可持续发展的要求，所使用的材料大部分为木质材料，并通过螺栓、钢板进行拼装，可适应家庭人口数的变化。当搬家时，整个房屋从外壳圆顶的木壳结构到室内框架的梁板结构再到楼梯、栏杆、扶手、家具等都可以进行拆卸，而后搬到其他地方进行重组与安装。

L 型绿色住宅室内透视图

色住宅室内透视图之一

M 型绿色住宅室内透视图之二

色住宅室内透视图之一

S 型绿色住宅室内透视图之二

酒吧室内透视图

绿色茶室室内透视图

（五）江西省余江县龙岗新城规划

1．场地规划

（1）场地规模

该项目的总面积为390.74万平方米，主要包括居住用地、公共设施用地、道路广场用地、绿化用地等。

（2）建筑规模

该项目总建筑面积为419.18万平方米，主要包括居住建筑和公共设施等。

（3）居住人口

该项目将居住人口数量控制在7万以内。

2．功能定位

该项目作为龙岗新城的起步区，主要具有以下四种功能：体现城市的特色；服务于城市整体并与其他规划区共同构成完整的体系；在城市中心网络体系中发挥专项和差异性的功能；为本地区提供完善的公共活动空间和生活服务设施。根据其具备的功能，该项目可作为鹰潭西翼服务集聚核心、余江城市公共活动中心、龙岗新城产业服务基地、生态文明的宜居社区。

3．规划结构

该项目的规划要点可归纳为："行政文化，核心引领""邓洪主轴，东西延展""功能节点，环状串联""居住组团，有机融合"。

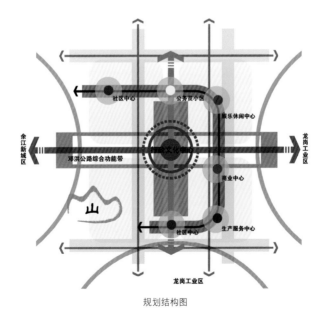

规划结构图

（1）"行政文化，核心引领"

该项目在场地的几何中心处设置了行政和文化中心，形成了整个规划区的核心功能区，引领起步区的建设。

（2）"邓洪主轴，东西延展"

该项目强调了邓洪公路作为轴线的作用，向东连接洪湖风景区，向西连接余江城区，加强了与周边区域的联系。

（3）"功能节点，环状串联"

整个规划以行政文化功能区为核心，功能区的外围是半环状的功能带，连接着社区中心、娱乐休闲中心、商业中心、生产服务中心等主要的功能节点，与行政文化核心区呈环抱之势。

（4）"居住组团，有机融合"

该项目被主要道路分割成四个居住片区，各片区之间强调配套设施和绿化景观的共享，使之形成有机的整体。

4．景观规划结构

该项目的规划结构可概括为"一心、两轴""一圈、一带""两点、六组"。

（1）"一心"：即一个标志性的城市公共核心，以行政办公大楼、行政广场为中心，结合文化馆、展览馆等特色建筑组成核心区域；

"两轴"：即两条城市轴线，以邓洪大道为横轴，以行政中心南北向的轴线为纵轴。

（2）"一圈"：即一个以滨水为圆心的休闲圈，以龙湖公园为中心，周边布置迎宾馆、娱乐中心、商业中心等；

"一带"：即一条公建带，核心区域东侧沿龙湖路设置了以公建楼为主的中高层建筑带，形成了城市天际轮廓线，与核心区交相辉映。

（3）"两点"：即两个景观节点，邓洪大道与白去大道的节点以及邓洪大道与龙湖路的节点；

（4）"六组"：即六个居住组团，核心区西侧和北侧环绕布置六个居住组团。

5．绿地系统规划

绿地系统的规划可概括为："一心三园，多点多带"。

（1）"一心三园"

该项目以场地西侧的生态健康公园为中心，内部主要有三个城市绿地公园，分别为龙湖公园、文化公园和南侧的智湖公园，为市民提供了良好的城市开放空间。

（2）"多点多带"

该项目沿主要道路设置了一定宽度的绿化带，形成了网络状的绿化体系，在主要道路的交会处还设置了绿地广场，构成点、线、面有机结合的绿地系统。

6．公共设施规划

（1）公共设施用地

该项目的公共设施占地50.31万平方米，占整个场地的12.9%，主要包括行政办公用地、商业金融用地、文化娱乐用地、医院用地和科研办公用地。

（2）公共中心规划

该项目的公共中心可以按照新城级公共中心和地区级公共中心的特点分两级进行布局。其中新城级公共中心指的是规划区中部设置的包括行政办公、商业服务、文化娱乐等功能在内的城市公共活动中心以及南部的生产服务中心；地区级公共中心即居住小区的社区中心，主要为本片区的居民提供日常服务，包括中小学、幼儿园、商业中心、居委会等。

（3）公共设施规划

①行政设施规划：该项目的行政办公用地为129 300平方米，占场地的3.3%，主要包括新城的行政中心和沿邓洪大道来规划的行政办公区。

②商业设施规划：该规划区商业金融用地为253 300平方米，占场地的6.5%，主要由新城级商业设施和地区级商业设施组成。

③文化设施规划：该项目的文化娱乐用地为32 800平方米，占场地的0.8%，用来建造综合性的文化服务中心。

④医疗设施规划：医疗设施主要设置在社区医院内，占地面积约为7200平方米。

⑤研发办公设施：该项目除了设置了普教设施之外，还规划了两处研发办公用地，占地面积为8.06万平方米，主要发挥研发办公等功能。

7．居住用地规划

（1）居住用地

该项目的居住用地的面积为157.54万平方米，占场地的40.3%，商住混合用地51.7万平方米，占场地的13.2%，居住人口7.01万人。根据规划结构和居住用地的布局等条件，将规划区划分为南北居住片区2个和组团4个，每个居住片区都有一个小学和社区服务中心。

①南部居住片区

南部居住片区位于邓洪公路以南，占地面积为85万平方米，商住混合用地为 25.67 万平方米,居住人口为 3.19 万人。该片区在南部设置了社区中心,居住建筑以高层为主,如主要城市道路沿线布置了高层居住建筑,仅在西部山体公园的一侧建造了一些低层居住建筑。

②北部居住片区

北部居住片区位于邓洪公路以北,占地面积为 72.54 万平方米,商住混合用地 26.03 万平方米,居住人口 3.82 万人。该片区居住建筑同样以高层为主。对于保留下来的罗家村和郑家村,应对其立面进行改造,以与整个规划区风格相协调。

(2)普教设施规划

本规划区的普教设施占地 11.81 万平方米,占规划建设用地的 3%,包括小学 4 所,中学 2 所。其中小学占地面积达 7.12 万平方米,每所规模为 24 ~ 36 个班;初级中学占地 4.69 万平方米,每所规模为 36 个班。另外,结合居住用地建造幼儿园 8 所,每所占地面积为 0.3 万平方米。

8.规划控制单元

(1)控制原则——"重点控制,分区管理"

结合城市特征,按照相关的规定,该市可被划分为若干个编制单元,从而将规划工作划分为几个层次,做到宏观、中观、微观多层面的科学规划和管理。对重点地段(如重要的景观大道、滨水区域、城市节点等)应进行重点控制,并通过设计对城市形态加以引导。

(2)划分控制单元

控制单元主要按照城市的主次干道进行划分,并且进一步细化到地块的控规编制和控规局部的最小研究范围,以及城市建设管理的基本单位。同时,控制单元的划分尽量与社区行政管理分区相一致,为城市的规划和管理的统一奠定基础。

本规划区可分成 A、B、C、D 四个控制单元,见表 1。

表 1　各控制单元用地情况

规划控制单元	占地面积 (万平方米)	总建筑面积 (万平方米)	居住人口 (万人)	公共绿地 (万平方米)
A	69.43	95.26	1.83	6.64
B	88.08	111.58	1.99	16.02
C	48.48	62.97	0.87	10.31
D	116.49	149.37	2.32	15.15

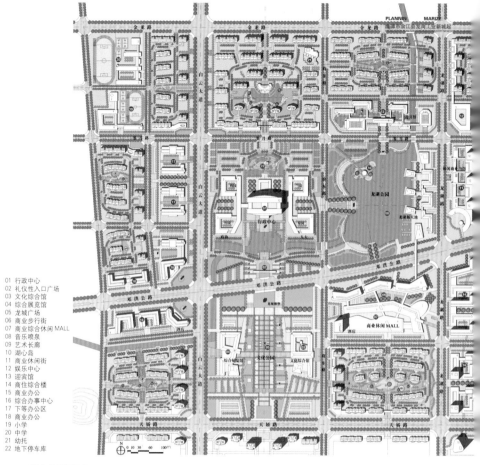

01 行政中心
02 礼仪性入口广场
03 文化综合馆
04 综合展览馆
05 龙城广场
06 商业步行街
07 商业综合休闲 MALL
08 音乐喷泉
09 艺术长廊
10 湖心岛
11 商业休闲街
12 娱乐中心
13 迎宾馆
14 商住综合楼
15 商业办公
16 综合办事中心
17 下等办分区
18 商业办公
19 小学
20 中学
21 幼托
22 地下停车库

概念性总平面图

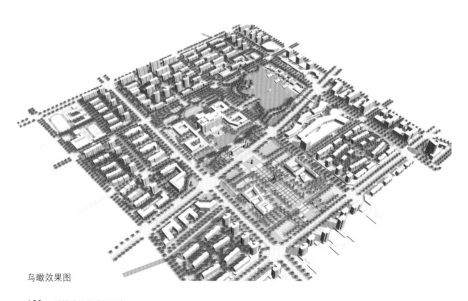

鸟瞰效果图

9. 行政区规划方案

行政区是余江县龙岗新城区极为重要的一部分，涵盖了除县政府之外的所有行政主管部门，是未来余江县的管理核心。

行政区的规划方案总体遵循低密度开发的原则，以打造一处园林化、景观式办公场所。规划中的行政区与东部的政府区，二者同市民广场隔路相望，并通过东西向的景观轴形成呼应，从而形成一个完整的行政中心；强调沿邓洪公路的界面展开布局，通过对建筑高度和沿街退界的控制，强化邓洪公路作为城市门户的作用；将后勤服务中心与会议中心安排在场地的中心位置，并按照功能进行划分，以避免重复建设以及提高后勤服务的效率，使各个行政部门都能以最便捷的方式获得最优质的服务。根据规划的原则，设计师最初拟定了如下三种方案。

方案一侧重对环境的塑造，在有规律的建筑布局中寻求整体的变化。设计师以东西向和南北向两条景观轴为基础，对场地内的建筑进行有效的组织，对建筑的高度进行仔细的考量，形成错落有致的园林式景观。该方案尤其注重对邓洪公路沿线景观的塑造，通过对塔楼、裙房以及街头街尾的开放空间的控制，强调邓洪公路的门户概念。

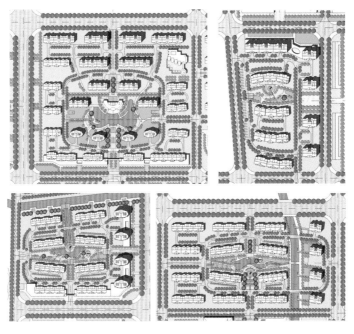

各具特色的居住组团

方案二通过半环状的放射路网来组织整体空间，使建筑布局在规整中略显活泼。半环状道路内部的建筑及景观以中心对称的形式布局，而外部的建筑则相对较自由。该方案强调行政区与其东部的政府区、市民广场的对景关系。

方案三通过两横两纵的道路网格局形成较为规则的方格网场地，以及十字形的景观轴，16 组建筑有组织地布置在场地中，互不干扰，在视觉上富于变化， 充分体现了古典美和韵律感。

6 个各具特色的居住组团

行政中心意向效果图之一

行政中心意向效果图之二

（六）河南省商丘市睢县旅游规划

1．现状综述

（1）基本概况

睢县位于河南省东部，是豫东地区较为古老的县城之一，地处北纬34°12′30″至34°34′20″、东经114°51′至115°12′20″之间。睢县地处黄淮平原，隶属于商丘市，东靠宁陵县、西接杞县、北临民权县、南与太康县接壤。睢县总面积为926 km²，占全省面积的0.54%。睢县城西距省会郑州140 km，东至商丘60 km。全县辖8镇16乡，545个行政村，1177个自然村，人口总数80万，耕地面积580 km²。

（2）历史沿革

睢县历史悠久，文化灿烂，1993年被评为省级历史文化名城，在周龙岗发掘出土的历史文物证明，至少在新石器时代，就有先民在这块土地上繁衍生息。周朝初期，睢县属于宋国；战国时期，宋国被齐、楚、魏三国瓜分，睢县一度属于魏国；秦朝开始设县，初设县城于承匡，后因承匡地势低洼迁至襄陵，县城位于春秋五霸之一——宋襄公陵墓附近，故名襄邑，属砀郡；汉朝、晋朝、唐朝一直沿袭不变，但归属多有变化；宋朝崇宁四年（公元1105年），襄邑升为拱州，并设保庆军节度，属于京畿，下辖考城、太康、楚丘、宁陵、柘城五县；宋朝靖康元年（公元1126年），改拱州为睢州，下辖柘城、考城、重华镇，元朝、明朝、清朝一直沿袭；1913年，改睢州为睢县，属第十二行政区；1948年后睢县属于商丘地区。

宋朝靖康元年（公元1126年），睢州有城墙护围，黄河水泛滥使城外地势越来越高，城内地势相对越来越低，黄河水始终威胁着睢州。在明朝嘉靖年间，洪水溃决城墙，将睢州变成一片汪洋大河。明朝嘉靖三十四年（公元1555年），开始构筑新城，新城与旧城相连，旧城呈方形，新城呈椭圆形，新长旧狭，形如"凸"字，犹如凤凰展翅，俗称凤凰城。

（3）气候条件

睢县属暖温带半湿润大陆性季风气候，一年之中，冷暖交替、四季分明，主要特点是春季温暖大风多、夏季炎热雨集中、秋季凉爽日照长、冬季寒冷少雨雪。

据相关资料显示，睢县的年平均气温为14℃，日极端最高气温为24.3℃，日极端最低气温为−17.6℃，年变幅28℃左右，1月份最冷，累年

平均气温 −0.7℃，7 月份最热，累年平均气温 27℃，年平均湿度为 71%。

睢县主导风向为偏北风，4 ～ 7 月风向多在东南和西南风之间，以南风为主，其他月份多在西北和东北风之间，以东北偏北风为主。大风一般出现在春季，最大风力达 22 米／秒。年总光照时数为 2267 小时，全年无霜期为 207 ～ 214 天。

睢县平均年降水量为 700.6 毫米，目前为止年降水量的最大值为 1985年的 1169.1 毫米，最小值为 1966 年的 300.5 毫米。一日最大降水量为 149.9 毫米，历年最大积雪深度为 200 毫米。

睢县主要气象灾害有干旱、雨涝、暴雨、干热风、大风、龙卷风、寒潮、霜冻、雨凇、冰雹等。

（4）水文地质

①河流湖泊：全县河流均属涡河水系，共有大小河沟 38 条。

②惠济河水系：主要包括通惠渠、茅草河、申家沟、利民河，睢县境内流域面积为 582.3 平方千米，河流长度为 162.8 千米。惠济河干流源于开封，注入涡河，县境内流域面积为 62.55 平方千米，长度为 43.67 千米。

③蒋河水系：境内流域面积为 79.2 平方千米，长度为 32.74 千米。

④废黄河：境内流域面积为 33.5 平方千米，长度为 5 千米。

⑤现县城内北湖为旧城遗址，面积约为 3 平方千米。

⑥地表水：睢县水资源丰富，地表年均天然径流量为 0.6 亿立方米，径流深为 30 毫米。浅层地下水年均补给量为 1.4 亿立方米，年过境水量为 0.9亿立方米，主要来自惠济河、通惠渠、申家沟等。

⑦地下水：浅层地下水较丰富，埋深 2 ～ 4 米，可开采量为 1.4267 亿立方米。

⑧土壤地质：睢县所在地是因黄河冲击而形成的平原，地势西北高而东南低，海拔高度为 50.8 ～ 59.8 米，相对高差 9 米，西北高、东南低。睢县的地层被新生界松散的沉积物所覆盖。

（5）自然资源

①植物资源：包括粮食作物、经济作物、蔬菜、林木、花卉、野生杂草。

②林业资源：睢县林业资源丰富，全县林木总数达 2450 万株，木材蓄积总量 118 万立方米，森林覆盖率达 21.9%，优质杂果面积约 26.67 平方千米。

③动物资源：包括家畜家禽、野生动物。

④土壤：全县均为潮土，包括两合土、淤土和砂土，还有盐化潮土和碱

化潮土。

（6）旅游资源

睢县有 2000 多年的历史，是河南省著名的历史文化名城。这里拥有众多的文化古迹，地上遗存的纪念性建筑物达 14 处之多，地下古代文化遗址 40 多处，馆藏文物达 3000 多件。特别是在以北湖为中心的近 2000 米的范围内，分布着不同时代的著名景点 10 余处，主要有春秋时期的襄陵，唐宋时期的圣寿寺塔、宝墨亭，明朝的袁家山以及清朝的汤斌祠等旅游景点。

①古文化遗址

• 周龙岗文化遗址：位于蓼堤镇周龙岗村北，属殷商文化和龙山文化，为县级重点文物保护单位。

• 犁岗文化遗址：位于平冈镇岗下坡村和犁岗村之间，属殷商文化，为县级重点文物保护单位。

• 旧城：位于新城之北。旧城建于宋朝崇宁四年（公元 1105 年），旧城地势低洼，常遭水淹。自明朝崇祯十三年（公元 1640 年），黄水灌城后，旧城变为水乡，原有的桃花洞、甘菊泉、锦襄书院、二程子祠等名胜皆被水淹没，驼岗、襄台名胜也如小岛，凸出水面。

②古墓葬

• 恒山汉墓群：位于涧岗乡赵庄村与王庄村之间，南北长约 500 米。山上原有慈云寺，现有一所小学，为县级重点文物保护单位。

• 蔡天牯墓：在南城墙内，蔡天牯为明朝嘉靖年间的兵部侍郎、大同巡抚。该墓也为县级重点文物保护单位。

③古建筑

• 袁家山：又称吕祖庙或小蓬莱，在睢县县城的东南部，为省级重点文物保护单位。

• 文庙：位于县城西南隅，始建于清朝康熙十年（公元 1671 年），为县级重点文物保护单位。

• 汤文正公贤良祠：位于睢县西大街中部路北，为省级重点文物保护单位。

• 圣寿寺塔：位于后台乡阎庄村西北部，建于唐宋时期，高 22 米，平面呈六角形，为九级密檐式砖塔，为国家级重点文物保护单位。

• 无忧寺塔：位于平岗镇西，建于唐宋时期，原为八棱五级楼阁式砖塔，民国时期被地方官吏扒去两级，现存三级。

④革命遗址

• 睢县抗日联合政府旧址——阎氏先祠：位于后台乡阎庄村内，现有房屋三间，保存完好，为县级重点文物保护单位。

• 睢杞战役战场：西起杞县县城，东至帝丘，北接龙唐岗，南靠睢县县城，东西长40km，南北宽17.5km。

• 睢杞战役纪念馆：位于睢县县城北睢杞战役战场内，北环路南侧，世纪大道与湖东路之间。

2．资源评价

（1）旅游资源分类

旅游资源是能对旅游者产生吸引力、为旅游业所开发和利用，以及能产生一定经济效益的各种事物和因素。其内涵可以随着旅游趋势及游客对目的地期望的变化而变化，因此，它是一个动态概念。规划组通过实地考察和搜集有关资料，并结合相关规定，对睢县的自然景观和人文景观进行了筛选与分类。

①水域风光类

包括河流、泉、湖泊等，如护城河、北湖及现存的卫星湖、湿地景观等。

②生物景观类

包括树林、古树名木等，如防护林、东关清真寺内的古树等。

③古迹与建筑类

包括古城遗址、社会经济文化遗址、军事遗址、碑碣、石窟水工建筑等，如袁家山、汤文正公贤良祠、圣寿塔等。

④休闲求知健身类

包括科教文化设施、公园、文艺团体等，如睢杞战役纪念馆、清真寺、基督教堂等。

⑤购物类

包括市场与购物中心、庙会等，如明清一条街。

（2）旅游资源的定性评价

①丰富的水资源及湿地景观

在北方，像睢县这样拥有如此丰富的水资源和湿地景观的城镇寥寥无几，因此，丰富的水资源是其最为突出的特色之一。现存湖泊中包括面积达300万平方米的北湖，还有湿地景观中的一些卫星湖，其中面积最大的湖泊位于湖西路与北环路交接处，约为66.67万平方米。北湖的水由地下水供给，因其地势低洼，所以常年不会干涸；此外，独特的历史背景也为美丽的北湖增添了神秘色彩。现存的广阔的湿地为保护生物多样性提供了良好的环境，每年都有白天鹅在这里栖息，形成了一处独特的景致。

②深厚的历史文化底蕴

睢县拥有众多的纪念性建筑、古代文化遗址和文物，是河南省著名的历史文化名城。厚重的历史文化积淀使其留下了众多的文化古迹：地上遗存的纪念性建筑物达14处之多，地下古代文化遗址达40多处，馆藏文物达3000多件。

③护城墙、护城河、绿地相结合所形成的环城绿廊

睢县内现存的护城墙主要由一些堆起的高岗组成，长约1000米，沿护城墙流淌的河流则是护城河。现存护城墙和护城河已经不再是一个完整的环形，很多地方都遭到了破坏。通过对河道进行开挖整理，以再现柳堤风采。现有防护绿地主要为生态林，面积约为126.67万平方米。

此外，睢县还具有光荣的革命传统，中国共产党曾在这里领导过轰轰烈烈的革命运动。抗日战争时期，睢县是水东抗日根据地的中心区。1948年7月，在粟裕将军的指挥下，睢杞战役取得辉煌战绩，现建有睢杞战役纪念馆。

④淳朴的民风，丰饶的物产

睢县是我国现代著名诗人苏金伞和陈雨门的故乡，他们的不少诗作都描绘和记录了家乡的田园风光和淳朴民风。

睢县回族人较多，共建有清真寺5座，其中比较大的是东关清真寺和西关清真寺。节日分为汉族节日和回族节日，丰富的节庆也是当地独具潜力的旅游资源之一。

睢县特产主要有睢州酒、裘皮制品、银杏系列产品、参宝花生、马泗河西瓜、许堂葡萄、帝丘花生等。

（3）旅游资源定量评价

①评价依据

• 以旅游资源的现状和未来开发潜力作为直接依据，并以实地考察和专家评价为基本参考，既注重综合优势又突出特色优势；

• 注重考虑旅游资源本身的区位条件和交通条件；

• 对旅游资源的文化价值、审美价值、容量、季节性等因素进行综合考虑、全面衡量、公正评价，决不可顾此失彼；

• 注重旅游资源在区域内的组合和在空间上的连续性，以及开发的继承

性，既要重视现状又要关注发展的动态。

②等级划分

•A级：审美价值和文物价值极高，独特性极强；能够吸引不同的游客，环境容量大，游览季节长，具有不可替代性；旅游资源丰富，在空间上的分布合理，交通便利，可参与性强。

•B级：审美价值较高，独特性较强，有一定文化价值；能吸引较多的游客，环境容量大，季节性强；旅游资源较丰富，在空间上的分布较合理，可参与性较强。

•C级：资源美感度、独特性一般，只能吸引少量游客，环境容量不大；景点在空间上较分散，相对优势不明显，效益一般。

③评价结果

具体评价结果见表2。

3．开发可行性研究

进行开发可行性研究的目的是为了确定开发是否具有经济、社会效益，即明确能否盈利，能创造多少就业机会，开发的具体方向是什么，开发的规模有多大。

市场需求与资源特点决定了旅游地的开发方向；而区位条件、资源的等级与地域规模决定了旅游的可进入性及市场门槛的高低；区域的经济背景与经济运行机制决定投资能力与开发规模；区域的社会生态环境决定开发强度及旅游活动类型。

（1）交通区位

睢县县城的交通便利，地理位置优越，北距陇海铁路民权站28千米、东距商丘市60千米、距京九铁路62千米，西距省会郑州市145千米、距开封市90千米。公路四通八达，郑永公路横贯全境，开商高速公路经过县城北部，民太与睢柘公路在此交会，县级公路贯穿全县24个乡镇，乡级公路通达545个村，县域内公路里程达到518.8千米，客运量达到206.6万人。

（2）资源等级

睢县拥有较为充足的水资源及独特的湿地景观，现存湖泊中包括面积约300万平方米的北湖，还有湿地景观中的一些卫星湖。现存的广阔湿地也为保护生物多样性提供了一个良好的环境。此外，睢县历史悠久、文化灿烂，旅游资源丰富，具有深度开发的潜力和前景。

表2　商丘市睢县旅游资源分类表

	名　称	区　位	特　征　简　述	等级现
水域风光类	北　湖	睢县县城中部	原为明代睢州旧城遗址，面积约300万平方米，最深处达3米，该湖区的文化遗迹很多，著名的有襄陵、甘菊泉、宝墨亭等，享有"中原明珠"之美誉，2000年被河南省旅游局批准为省级旅游景区。	B
	卫星湖	睢县县城周围的湿地内	分布在湿地中，生物种类较多，有鱼类生存，总面积达20多万平方米。	C
	通惠渠	睢县县城西部	季节性河流，为农田灌溉水源，部分河段现已被上游工业废水污染。	C
	利民河	原护城河的位置	现为一条垃圾河，为县城排水道，污染较严重。	C
	湿　地	北湖周围	面积约53万平方米，主要有芦苇及水草生长于此，生物种类较多。	B
生物景观类	防护林	睢县北环路与西环路的交界处	主要树种为杨树，面积约为160万平方米。	C
	生态林	睢县北环路以北	主要为本地树种，面积约126.67万平方米。	C
	皂角树	东关清真寺院内	约有100年的树龄，枝叶茂盛，有鸟在树上栖息。	C
	世纪公园	睢县湖中路与凤城大道交界处	2002年建成，占地约53.33万平方米。	C
古迹建筑类	汤文正公贤良祠	睢县西大街中部路北	1963年被评为为省级重点文物保护单位，是典型的明清时期建筑，殿堂庄严肃穆，主体建筑为两座大殿，是带有卷棚顶的硬山式建筑。原有的主体建筑已遭到破坏，后来又进行了重修，其中照壁、御制碑已不复存在。	C
	袁家山	睢县县城东南部	素有"小蓬莱"的美称，建于明朝天启年间，距今有400年的历史，原属道教圣地，在明清时期为睢州八景之一。建筑形式独特，外观好似一艘大船，四周浅水环绕，山上亭台别致，登山远眺，睢州古城尽收眼底。如今，原池塘被土填平，当时的景观已不复存在。	B
	襄　陵	北湖区东北隅	又名襄台，常年高出水面3米左右，水上暴露面积超过了4万平方米，相传是春秋五霸之一的宋襄公的陵墓。1981年被评为县级文物保护单位。	C

続表

称	区 位	特 征 简 述	等级评价	
			现状	潜力
驼岗	襄陵以北	为一高岗，与襄陵前后呼应，一大一小，远看形似骆驼的驼峰，史称骆驼岗。骆驼岗上曾建过尼姑庵，明朝嘉靖四年（公元1525年）改为锦襄书院（因其后面有濯锦池而得名），与紫阳书院、濂溪书院、横渠书院等并行于世。	C	B
明清一条街	睢县解放路东段	又名襄邑古城，建于明朝末期，清朝初期已具规模。后来逐渐完善、兴盛，成为豫东地区重要的商品集散地之一。该街原长1000米有余、宽约6.7米，青砖铺地，临街房1000余间。这些房屋是只有一种颜色的木质砖瓦结构，房内安有活动门板、木质隔山。	C	B
护城堤	旧城南部	现长约1000米，与旧城四周的护城河连为一体。	C	B
督教协会	明清一条街内	砖结构，外观保存良好，占地面积为1465平方米。	C	B
清真寺	文化路西头北部	外观保存良好，占地面积为900平方米。	C	B
清真寺	东关现存大堤东头南部	格局完善，现存的建筑保存良好，环境较好，靠近旧城的护城河。	B	A
文 庙	睢县县城西南部	始建于清朝康熙十年（公元1671年），为县级重点文物保护单位，现已不复存在。	C	C
尤寺塔	平岗镇西部	建于唐宋时期，原为八棱五级楼阁式砖塔，现存三级。	C	C
寿寺塔	后台乡阎庄村西北部	建于唐宋时期，高22米，平面呈六角形，为九级密檐式砖塔，是省级重点文物保护单位。	C	B
湖心岛	北湖内	共有5个，最大的东湖岛面积约为3333.3平方米，其次是西湖岛，面积约为1333.3平方米，目前绿化良好，设施简单，开发不足。	C	B
约中心	世纪公园西北角	有4个鱼塘，结合公园特点进行布局，但设施不足。	C	B
战役念园	睢县县城北环路以南，湖东路以西	主体建筑为砖混结构，位于坡顶。南北长220米左右，东西宽270米左右。	C	B
广 场	湖中路西部，世纪公园南部	是公园的主入口，建有相应的辅助设施。	C	B

州酒、裘皮制品、银杏系列产品、参宝花生、马泗河西瓜、许堂葡萄、帝丘花生等。

(3) 客源条件

①客源市场分析

吸引客源是旅游业带动经济发展的有效方式之一。以景点优势、市场状况、消费能力等方面为依据，睢县的主体客源可划分为如下三部分：

• 本地及周边市、县

以商丘市为中心的本地区旅游业的发展必将带动睢县的发展，从而满足当地人民生活与休闲的需要。丰富的节庆活动和良好的度假设施也会吸引部分商务客人，举办一些有特殊要求的会议。

• 专业机构、团体等

充分利用睢县丰富的自然与历史文化资源，广泛展开以专业团体、机构、大型企业、大专院校为主的考察旅游、度假旅游等项目，以实惠的价位与周到的信息服务吸引自助旅游者及度假团等。

• 长江三角洲经济区及中原地区

长江三角洲经济区的人们出游率较高，因此，该地区是主要的市场；而中原地区则交通便捷，也成为了睢县旅游市场的重要客源地。

②市场开发

前期以外埠市场为主，但考虑到资金短缺的问题，可先采取密集型战略，集中力量，初步树立品牌和知名度，争取市场份额，并以此为突破口，在短时间内取得良好的效益。同时，其他几处市场可采用有针对性、有选择性、有时机性的策略，避免全面铺开、缺乏重点、资金分散的情况，从而节约人力和物力。具体可从以下几方面进行开发：

• 开拓客源市场

以政府为主导，在主要客源地进行促销与宣传。旅游经营部门应加强与各市、县的合作，采用整体促销、区域促销等横向促销方式，以及与旅游企业、相关部门相配合的纵向促销方式，把传统节庆与旅游节庆结合在一起，不断推出新项目，增强吸引力。

• 采用多种促销手段

应突破常规，除采用传统的电视、广播、报纸等媒介外，还可采用以商助旅、以节促旅以及品牌冠名等宣传形式，并根据实际情况而有所侧重；此外，也可提高促销级别。

• 适应旅游发展需要，大力开发旅游产品

旅游产品是睢县旅游企业经营活动的主体，也是睢县旅游业生存和发展的关键。目前，睢县在资源的开发与利用上起步较晚，产品优势相对较弱。因此，睢县旅游业的发展应立足当前，放眼未来，以市场需求为导向，多开发一些参与性强的娱乐、休闲旅游项目以及一系列具有一定优势的专项旅游产品。

• 有序运作和反馈监督

市场开发应有计划地进行，同时也要加强监督，注重其实际效果，避免盲目投资和无序竞争，充分发挥市场机制对旅游开发的基础性作用。

• 适应散客市场

提供交通、住宿等信息以及景点介绍等，营造方便散客的大环境。

（4）竞争优势

①政府给予支持

睢县的县委、县政府确立了旅游业在社会经济发展中的战略地位，强调要充分利用睢县文化底蕴丰厚、自然环境优越、旅游业开发潜力大等优势，精心规划、突出重点，大力发展文化旅游产业，促进形成以政府为主导的"合力兴旅"的社会氛围。

②目标与定位明确

中共睢县第十次代表大会报告在关于"江北水乡"的论述中强调：要以北湖为中心，向东、西、北三个方向扩展，重点开发马头村、北关村、东关村、县高级中学周围的沼泽地、坑塘、洼地和废窑地，并通过 3 ~ 5 年的努力，整合 4 ~ 6 个总面积约 3.33 平方千米的卫星湖，全县水面扩大到 6 平方千米左右，使睢县成为真正的江北第一水乡。卫星湖的景观设计以自然、简洁的风格为主，坚持"一湖一景一特色"，集养殖、旅游、休闲、水上竞技于一体，建成荷风园、芦苇池、垂钓台、观光林等各具特色的主题湖，使睢县县城面积由 25 平方千米扩大到 40 平方千米，人口由 6 万人增加到 15 万人，打造城中有湖、湖中有城、天蓝地绿、水秀城美的景观，以此恢复土地资源的利用价值，加速城市生地向熟地的转化增值，加强城市作为聚集地的作用。各个乡镇也要充分利用废旧坑塘、洼地，以养殖业为重点，进行挖掘开发，使全县水面达到 13.33 平方千米以上。总之，要立足产业，加快建设一批各具特色、优势互补的中心乡镇，还要有计划地搞好村级规划，不断改善农村面貌。

③旅游专线组合良好

睢县距商丘市区 60 千米。商丘是中国历史文化名城，有著名的商丘古城、芒砀山汉墓群；商丘还是孔子的祖籍以及庄子的故里，有孔子还乡祠、庄周陵园等名胜古迹以及从西到东的黄河故道。

睢县距郑州市145千米，郑州市有邙山风景区、二七纪念塔、大河村遗址、吉鸿昌墓、纪公庙、苏轼以三体兼用的形式完成的欧阳修《醉翁亭记》石刻、城隍庙等景点。

睢县距开封市90千米。开封古称汴梁，位于郑州市东部，陇海铁路由此经过，有山陕甘会馆、古吹台、禹王台、龙亭、包公祠、延庆观、玉皇阁、相国寺、护国寺塔、铁犀牛、繁塔等景点。

睢县地处豫东黄金旅游线——"商丘—开封—郑州"的中间地段，其中，北湖战役与睢杞战役的革命遗迹、袁家山等旅游资源是对这条黄金旅游线的有效补充，可直接"搭入"或"加入"已有市场影响的旅游专线。

（5）生态环境

近年来，睢县加快了对湖心岛的开发，建设了1.33平方千米的湖北岸生态林和0.13平方千米的植物园，完成了新世纪公园二期工程，使区域生态环境得到了很大的改善。此外，睢县坚持"治水兴农"的指导思想，组织全县干部和群众开展了大规模的农田水利基本建设，卓有成效。睢县通过进行有序的开发和建设，使环境保护与开发同时抓好，达到既能带动地方经济发展又能促进生态环境良性发展的最终目的。

4．规划性质与规划目标

（1）性质确定与形象定位

①性质确定

在旅游资源开发的过程中，坚持资源导向与市场导向相结合，将睢县县城打造成为集湖泊湿地观光、宗教文化游览以及水上活动于一体的特色旅游城镇。

②形象定位

• 总体形象定位：睢县的总体形象被定位为"中原水城"。

• 睢县旅游形象策划

应在大区域旅游背景下对睢县进行旅游形象定位。进行定位时不能就睢县论睢县，而应该跳出睢县看睢县，因为要对睢县的旅游形象进行正确定位，就必须要对其旅游发展的优势和劣势形成正确的认识。而要真正认识睢县旅游发展的优劣势，就要求将其旅游资源和优势条件放到商丘市或豫东地区乃至全国等不同层次的区域中去，依次做出比较后才能形成客观的认识。据此才能确定睢县旅游吸引物类型、旅游吸引范围、旅游竞争力和旅游发展潜力等，进而对睢县的旅游形象做出科学的定位。

• 睢县旅游形象的构成要素分析

根据睢县历史文脉的特点，并结合大众旅游的现状、文化旅游和生态旅游的发展趋势，睢县旅游形象的构成要素可从旅游亮点中加以提炼。

•旅游形象的塑造及推广

根据对旅游资源的分析和定位，结合游客的心理需求，并通过社会征集、专家评审的办法，睢县对旅游形象进行了塑造及推广。

为了提高旅游业的知名度，睢县主要采用了大众传播的方式进行宣传。具体表现为：创作并拍摄以睢县风土民情为题材或以睢县历史为背景的电视剧；收集、整理并出版关于睢县旅游景点民间传说的故事集；参加收视率较高的电视专栏节目；邀请记者团、外地旅行社客户团来访；参加海内外相关的旅游展销会；吸引有宣传效应的活动（如全国性的颁奖会、比赛、研讨会等）来睢县举办；印制和散发各种旅游宣传品等。

选择有睢县特色和吸引力的主题，每年组织几次节庆活动，既可以是文化方面的，也可以是经济贸易方面的，但应与旅游紧密结合。节庆活动启动之后可以保持每年都举办，使之成为塑造和推广睢县旅游形象的有效载体。

(2) 规划原则

规划原则是规划所需要坚持的基本点，是规划中应坚持的立场，具体有以下几点：

①高起点、高要求

规划应面向 21 世纪，坚持高起点、高要求的原则，在项目与设施的开发上顺应国际旅游发展的整体趋势，满足不同游客的旅游与消费需求。

②全面保护、合理开发

在全面保护已有水体等自然资源的前提下，睢县应制定合理的开发方案，完善县城内的服务配套设施，最终成为一处以优美的自然环境为背景，集观光、游憩、度假为一体的综合性旅游胜地。

③突出自然生态性，加以适当的点缀

睢县应在保持质朴风格的基础上适当地追求个性。强调对绿色生态环境的保护，结合自然环境进行旅游服务设施建设和景点改造，力求达到"虽由人作，宛自天开"的效果。

④参与性

强调旅游者的参与性、娱乐性、舒适性，使其充分体验极具趣味的休闲生活。

⑤可持续性

规划应有一定的弹性，以适应旅游发展中的不确定因素，各种用地、道路系统、绿地系统的建设应该留有发展余地，以实现可持续发展。

⑥可行性

确立总体目标，保持规划的科学性与可行性，并保证规划按期完成。在深入和细化的过程中，规划应从总体上进行适当的调整，尽量利用已有的自然资源创造优美的山水环境，避免大兴土木；在景区建设的过程中及营运后，要防止旅游污染的产生，增强防灾能力。

⑦弹性

由于规划的理念和技术具有时代性，加之经济社会的迅速变化以及人们对规划的认识有很多局限性和随机性，所以规划必须要留有弹性，包括目标弹性、资源弹性和时间弹性。这就要求在开发的每一阶段都做到紧凑、集中，成组成团，根据市场要求来严格控制用地规模与建设规模，为后一阶段的发展留有余地。

（3）发展目标

①通过规划，合理开发旅游资源，促进旅游业的发展，寻求新的经济增长点，提高睢县的知名度和国际化水平，促进产业升级，以适应未来发展的需要。

②通过一段时间的努力，在睢县建成地方文化特色突出、资源丰富、活动多样、设施齐全、环境高雅、生态稳定、具有较高知名度的休闲旅游度假区和绿色产业区。

③通过发展旅游业来带动睢县旅游产品的系统开发，使睢县成为商丘市重要的旅游目的地，并采用东西联手与南北联动的方式，促进对睢县的深度开发和旅游业的整体发展。

（4）旅游发展政策

①总体政策

旅游业是睢县新的经济增长点，因此，总体政策就是通过旅游业的发展来改善投资环境，促进地方经济发展。

②具体政策

睢县应针对旅游发展的新形势制定相应的政策，从而引导旅游业形成良性的发展态势。这就要求睢县应建立旅游创新制度，保证旅游政策的针对性和时效性，最大程度地激发旅游发展的潜力。

● 旅游产业政策

要把旅游业作为重点产业来发展，提高旅游设施的质量和服务的标准，城市交通和基础设施除服务于人们的日常生活外，还应适应旅游发展的需求。

人力资源是旅游业能否快速、健康发展的重要因素，服务质量和旅游管理效率的高低取决于旅游业从业人员在专业素养上是否合格，因此，睢县要加强旅游教育培训的硬件和软件建设。

对全县所有直接参与旅游开发的人员都应进行培训，并制定与新产品开发的管理、经营以及自然景区和文化遗产的解说、展示、管理等相关的培训方案，尤其要注意提高讲解的深度。

- 旅游投资政策

制定各类有利于吸引国内外商家投资的政策。

- 旅游税收政策和财务政策

目的是保证游客的相关利益。

- 对外开放政策

与国际旅游业接轨，提高睢县旅游业的国际化水平，吸引国外旅游企业加入。

- 产业联动政策

政府从"大旅游""大市场""大产业"的角度出发，动员各有关行业关注并支持旅游业发展，提高各产业的附加值和知名度，使全社会受益。尽量减少各种可能的经济漏损因素，通过丰富游览内容，延长游客停留天数，提高人均消费，发挥旅游业对本地 GDP、财政收入和就业的作用，让更多的人受益，使旅游业与更多的产业发生关联。

- 环境保护政策

坚持旅游业可持续发展的原则，加强对环境和文物的保护，全面改善环境质量，以旅游促保护，制定相应的奖惩制度。

——旅游业应成为居民对自然资源和环境进行保护的重要手段。

——建立有效的环境管理体系，持续监控旅游发展的影响。

——加强自然、文物保护部门以及地方社区与旅游管理部门之间的合作。

- 旅游企业政策

鼓励旅游企业向集团化、连锁化方向发展，提高旅游企业的竞争力。

- 市场营销政策

——市场营销结合市场需求，树立明确的旅游形象。

——以高消费旅游市场和中远程旅游市场为目标，降低旅游景点的数量，提高旅游质量。

——增加营销预算和促销活动，扩展市场。

• 社会文化政策

——通过发展旅游业来促进对历史文化遗产的保护。

——持续监测和控制社会文化影响。

——通过文化建设促进旅游业的发展，使旅游项目能恰如其分地表现出旅游目的地的形象。旅游管理部门应提高管理能力，并和旅游企业及相关机构之间建立有效的合作关系，在市场中发挥积极的作用。

——加强旅游风险管理，建立旅游救护体系，改善和维护旅游环境的质量。

5．规划结构与功能布局

（1）规划结构

该地区的特色资源主要有湖泊、湿地等自然资源及宗教文化等人文资源。要以这些特色资源作为出发点，就要在空间上将各旅游要素进行有效的组合，形成一种有机的旅游开发格局。规划结构可以概括为"一心、两片、一环"。

① "一心"——北湖游览中心区

北湖是"中原水城"这一主题最重要的组成部分，因此，应以北湖为中心，带动周边各景区逐步开发，最终形成完整的开发格局。

② "两片"——城北湿地游憩区和古城宗教文化游览区

城北湿地游憩区：结合湿地内卫星湖的开发以及周边林带的发展，形成一个综合游憩活动区，为人们带来丰富的游憩体验。

古城宗教文化游览区：通过对建筑及环境的修复与整合，再现道教与伊斯兰教当年的风貌；同时结合旧城内特有的风土人情，营造出属于"中原水城"的独特氛围。

③ "一环"——护城河生态廊道

通过对护城河的开挖整治、对护城堤的修复及对周边环境的改造，从而打造出一条绿色的生态廊道；同时，这条生态廊道还可作为一条联系旧城和新城的文化廊道，使"中原水城"的历史风貌和未来宏图得以展现。

（2）功能布局

根据现有资源与总体的结构布局，将整个旅游区划分为以下几个功能区：旅游中心接待区、世纪公园休闲区、北湖风光游览区、春秋寻古游览区、万亩芦塘游览区、睢杞史迹游览区、湿地风光游憩区、襄邑古城游览区、宗教文化游览区、城市文化游览区以及自然防护林保留区。

① 旅游中心接待区

该区是整个旅游区的接待中心，这里交通便利，基础设施较完善，如短期度假设施及一些水上运动设施，还可提供旅游咨询服务。

②世纪公园休闲区

该区不仅面向外来游客开放，还可为本地居民提供良好的休息环境。如果对目前的环境和设施进行改造，还可营造更多更适宜游憩的空间。

③北湖风光游览区

该区的特色在于具有动态的水体景观。游客可在湖中泛舟游赏以及开展其他水上活动。周围的建筑和来往的行人、车辆也是一幅流动的画卷。

④春秋寻古游览区

该区的景观具有深厚的历史文化底蕴，最著名的有襄陵（因宋襄公葬于此得名）和驼岗（此岗上曾建有锦襄书院）。从春秋时期的宋襄公到明朝的锦襄书院，众多的历史典故为旅游项目的策划提供了丰富的素材，因此，可考虑在该区修建睢县历史博物馆，举办一些书画展等。

⑤万亩芦塘游览区

该区为水生生物提供了一个良好的栖息场所，对此应采取严格的保护措施，以供游客在该区观赏水生植物以及鱼、鸟等动物。

⑥睢杞史迹游览区

该区现有的建筑包括睢杞战役博物馆和烈士陵园，但资源开发不足，因此，在未来的开发中，应注意建筑环境的营造，如通过一些纪念活动来带动对该区旅游资源的开发。

⑦湿地风光游憩区

保护该区的湿地环境，并结合生态林进行建设，开展多种游憩活动，如观光、木屋度假、露营、烧烤、采集标本等；此外，还可以与周围村镇进行合作，开展农家乐等活动。

⑧襄邑古城游览区

对原有的建筑进行改造或重建，将一些地方特产会集于此，并进行组合包装和综合开发，使该区成为集旅游、购物、娱乐于一体的综合游览区。

⑨宗教文化游览区

该区内有两座清真寺、一座基督教堂和一座道教寺庙，再加上当地的风土人情，使得该区文化资源丰富。通过对护城河的开挖整治，营造一条连续的自然景观廊道；还可以使自然环境与该区的文化资源相融合，原有的吕祖庙（即小蓬莱）就是一个很好的例子。

⑩城市文化游览区

该区旨在结合对袁家山的环境整治和改造活动来建造一座城市文化公园，为当地居民提供一处日常游憩场所，满足居民的文化与娱乐需求。

⑪自然防护林保留区

在原有的具有良好植被状况的自然防护林的基础上，增加树种的类别和层次，使该区成为县城的天然屏障。

6．详细规划说明

（1）总体布局

此次的规划充分利用了现有的河道与湖泊网络，并结合原有的护城堤、利民河与通惠渠的大堤打造一条环城水系，即中心为北大湖，北部和东部分别设卫星湖，南部和西部则为环城河道，通过东西向的支流与北大湖相连。

环城水系穿越县城内部的主要道路，共形成主要桥梁16座，次要桥梁8～12座，设计师根据两岸的不同风貌建造了不同风格的桥梁。考虑到行船的需要，古城区中多为石拱桥；在未来新城区的西部河道与北部卫星湖之间，考虑建造造型别致及具有现代钢结构的新型桥梁；在一些旅游活动区，尤其是湿地区和生态林带，可考虑建造具有原始古朴风格的吊桥、悬索桥等。

除了建造桥梁，在这条环城水系之上还可点缀一些绿色的节点，即各种大大小小的绿地公园，比较突出的就是袁家山公园绿地、古城公园、东关清真寺绿地及明清一条街的入口绿地。这一系列的绿地与河道两侧的绿化带相连，保证了景观的连续性。

对于各个卫星湖，此次规划依据现有的资源特色进行开发，使之具有"一湖一景"的效果，并通过保留大面积的湿地，保证原有生态环境的可持续性，为该地区未来的发展打下了坚实的基础。

（2）详细规划

根据资源现状和旅游开发的需要，此次旅游发展规划考虑对8个景点进行规划，包括卫星湖5个、东湖和西湖中的主要岛屿2个以及袁家山。

①一号湖区详细规划

该湖区除了湿地和湖泊，最重要的就是生态林，因此，在规划设计中，该区针对这一特色开发了森林游憩活动，如露营、探险，以及结合湿地开展植物认识活动等。从总体上看，南面为森林游憩区，北面主要为湿地景观，东南面设立旅游接待中心。同时一号湖也是环城水系的起点，因此，河道的入口处应设置必要的设施，例如，码头、停车场等，为游客提供方便；还可结合原有的万亩荷塘在湖西路两侧形成"荷花渡"，游客在此可感受乡村风情。

②二号湖区详细规划

该湖区的规划主要延续了一号湖区的"荷花渡"景观，同时规划了草坪与自然林带，与凤城大道南侧的世纪公园相呼应，使之成为另一个可供居民进行日常休闲活动的场所。

③三号和四号湖区详细规划

两个湖区根据原有地形和现有建筑的情况进行了适当的改造，能够开展以休闲度假为主的活动。在睢杞战役纪念馆开展野战实弹游戏活动；在保护的同时对部分湿地进行开挖，并在其周边开展野餐烧烤、垂钓以及其他休闲活动。这些活动可以使游客欣赏到优美的湿地景观，放松身心。

④五号湖区详细规划

该湖区基本保持了湿地和水体的原有风貌，仅对周边环境做了整治工作，以开展观鸟等科普活动。睢县拥有珍贵的湿地资源，自然环境良好，每年三月都会引来上百只白鹤、灰鹤来此栖息，故传为美谈。为此，睢县特举办了生态观鸟活动，为周边居民欣赏、专业人员考察研究提供了条件，成为了睢县旅游业的新亮点。

⑤东湖岛详细规划

东湖岛是北大湖中最大的岛屿，面积约3333.33平方米。这里拥有丰厚的历史文化资源，可考虑修建一座历史博物馆。方方正正的北大湖是地下古城的遗址，因此，可将博物馆设于地下，这样既不会破坏湖面景观，同时又可以成为一大旅游景点。由于博物馆位于地下，地面部分可修成草坡，并设置通风口和采光顶。对现有能够到达该岛屿的道路进行整修，在接近岛屿的地方，可建设一座吊桥与道路相连。东湖岛的南部设置了观景亭和码头，游客由此也可到达东湖岛。这样一来，整个岛屿就显得简洁明朗，既有现代氛围，又具有神秘感。

⑥西湖岛详细规划

西湖岛的主要功能是可供游客观景，在改造过程中，可增设现代观景设施，使之与东

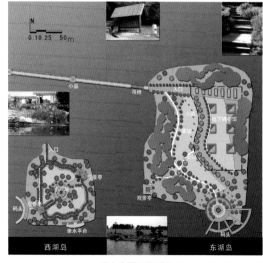

湖心岛详细规划图

一号湖区详细规划图

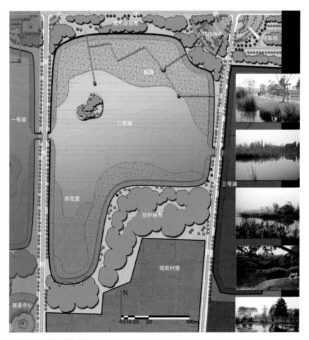

二号湖区详细规划图

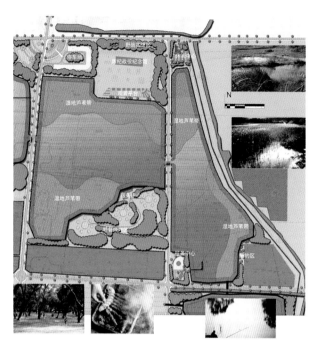

三号和四号湖区详细规划图

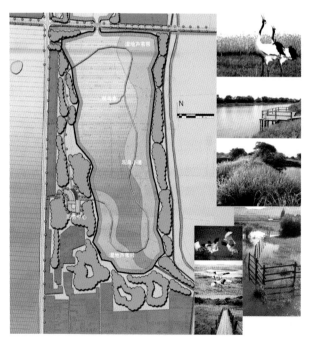

五号湖区详细规划图

袁家山规划设想图

湖岛上的襄陵形成对比。为使游览过程更丰富，游客可选择乘船由码头上岛或直接由湖中路上岛。

⑦袁家山规划

根据历史资料记载，袁家山素有"小蓬莱"之称，本次规划在其周围设置了一块公园绿地，为袁家山创造了良好的绿化环境，这也是环城水系上一个的重要绿色节点。除此之外，将护城河的水引至公园中，由于外形如船状的主体建筑仍保存完好，这样就如船行于水上，再现了当年的风貌。

7．项目策划

（1）资源特征评价

睢县丰富的水资源和湿地景观是吸引游客驻足的亮点，加上卫星湖、深厚的历史文化底蕴以及良好的绿化区域，其旅游业的发展将会达到前所未有的高度。但是，由于睢县旅游资源的品位和数量有限，专业人士建议将睢县旅游的发展放到整个商丘市甚至是豫东地区的大市场里去看，把握周边客源，争做"商丘—开封—郑州"这一河南黄金旅游线上的一个节点。开发初期先吸引游客在此短暂停留，此后随着旅游资源的进一步整合和完善，睢县将成为一个集观光、度假、休闲等功能于一体的综合性旅游胜地。

（2）战略研究以及项目的发展与开发

①战略研究

• 树立北湖品牌，以一带十

该战略主打北湖品牌，以"中原明珠"的名义进行宣传，并通过明朝睢州旧城遗址的影响力，以及所提炼的原生态的自然风情来吸引游客。由于目前北湖对外还没形成一定的规模和影响，可先以举办节庆活动的形式进行对外宣传，把北湖的水面形象化、直观化，提高北湖的知名度和影响力，进而带动天然山水、土产和人文古迹等其他旅游产品的开发、销售或建设。

• 以"专"取胜，滚动发展

该战略不需要硬性的大宗投入，主要做环境整理、配套跟进和营业推广工作，并以天然的环境取胜，与北湖品牌下的"清""美"特点和天然环境的背景相配合，快速获得经济效益。总之，就是突出重点，不搞"全面开花"，在相当长的一段时间内，将注意力集中在几个主要景区上，并逐步推进，滚动发展。

• 强调旅游的科学与文化内涵

通过对历史文化的挖掘，突出科学与文化内涵。通过视频资料加以讲解和说明，游客既能充分享受度假和观光带来的乐趣，又可以开阔眼界、增长知识，满足高品位游客对自然、人文内涵的需求；另外，还可邀请专业人员开展专家导游活动等，提高配套服务的质量。

② 旅游项目的发展与开发

• 旅游项目的发展

旅游项目的发展要注重满足不同类型游客的需求以及旅游热点、市场发展趋势，注重旅游项目的特色及多样性，推出既有超前性又有文化内涵的项目。

——观光游客：加强对景点的开发和适度包装，发挥资源特色及优势，扩大景点的广度和深度，增加其功能，延长生命周期与黄金周期；

——度假游客：加强自然景点、配套设施与民族文化、历史内涵的融合，注重对具有参与性和娱乐性项目的开发，扩大消费范围，增加效益；

——其他游客：这类游客包括特种旅游者与专题旅游者。为了提升配套服务的内涵与安全系数，在进行前期筹备和后期的宣传活动时，应把促销点集中在有特色及有市场潜力的线路上，注重时尚元素与资源的结合。

各类游客之间并无十分明确的界限，无论面对哪种类型的游客，都要注意对产品进行优化组合与合理推荐，同时针对市场发展的潮流，做到产品的及时更新。

• 旅游项目的开发

旅游项目的开发要因地制宜，体现时间与空间的特性，从发展及实施两方面进行评估和监督，建立统一的产品评价体系，做到及时调整和完善，使旅游产品的质量不断提高。此外，还可实施特色品牌战略，对产品进行包装，建立知名品牌，创造持久性效益。具体开发项目如下：

——观光系列：自然风光游和宗教游等；

——度假系列：学生娱乐活动、避暑度假野营和夏令营专题聚会等；

——会议系列：中小型会议、专业会议、近距离研讨会、联谊活动等；

——节庆活动系列：美食节、北湖风情节、袁家山宗教文化节、回族节日活动；

——地方特产及饮食系列：睢州酒、裘皮制品、银杏系列产品、参宝花生、马泗河西瓜、许堂葡萄、帝丘花生等；

——专项产品系列：科学考察游、美术摄影游、文化游、风情考察、地质地貌考察、植被写生、摄影创作等。

③价格策略

旅游产品价格是否合理，往往直接影响到旅游产品在市场中的竞争地位。根据睢县旅游业的目标市场，其价格的制定可从以下几方面入手：

•价位应适中，符合大众需求

从自身条件来看，睢县的旅游业刚刚起步，开发与利用还不够成熟，垄断性不强；从外部环境来看，各地纷纷挖掘旅游资源，开发旅游产品，竞争激烈。因此，睢县不适合推行高价策略。

•采用灵活的价格机制

灵活运用价格机制，为当地居民、团体游客和特殊群体提供优惠活动，如重游率高的当地居民可享 6 折优惠，目前主要客源地的团体、专项旅游者可享 7 折优惠，学生、教师、老年人等群体可享 5 折优惠。

•利用价格杠杆进行调节

针对旅游的季节性特点实行旅游差价策略，平衡供求关系，进而增加游客量。在淡季降价或保持价格不变，同时增加产品种类和服务项目，丰富内容，以此刺激需求，提高销售量。

④销售渠道

销售渠道的建立，可使信息传达得更为通畅、营销活动更具活力、节省成本、扩大知名度、客源基础不断扩大，从而给予旅游业持续发展的后劲。渠道的建立可分为直接渠道（也称零层次渠道）与间接渠道。直接渠道的建立方式主要是以本地为主体进行促销活动，通过与消费者的直接接触，把握市场状况，改进营销策略和宣传计划，不仅针对群众，还需针对旅游组织、业内人士做深层次的宣传会和讲演会等；间接渠道可通过旅行社和旅游代理商来建立。具体来讲，就是选择有实力的旅行社，予以推荐，并联合出资，在目标城市进行促销工作。在中国入世后，外国旅行商十分愿意在中国开设合资旅行社，甚至有的已设立办事处，以加强联系，做好前期准备工作。除此之外，还可通过某些组织如专业团体、文化交流组织等扩展销售渠道。

（3）各类项目的具体策划

睢县的底子薄，自身的旅游投资能力不强；不仅如此，还缺乏有文化内涵的旅游资源，距省级经济中心又较远，不易进行融资、引资等。种种因素使得睢县在短时间内难以筹集大量资金进行大规模的旅游开发。因此，睢县的旅游开发应该选择投资少、见效快、抗风险能力强、可以滚动发展的"旱涝保收型"发展模式（依托地方特色产业的方式）。这样一来，可以实现资源共享，减少旅游投资，从而使旅游项目很易上马，上马后的旅游项目和特色产业在互动中共同发展，进则两者的"雪球"越滚越大，退则仍有特色产业在，不会因旅游投资失败而大伤元气，可谓可进可退，这一点对于经济相对落后的地区的旅游业发展尤其重要。因此，项目策划的指导思想是立足于当地特色，保护睢县源远流长的历史文化以及山清水秀的自然环境，以高起点、高标准为原则建设旅游项目，从而适应现代旅游市场的需要。

①湿地保护

城市湿地受城市扩张的影响，形成了面积较小、分布不均匀、孤岛式的生境斑块，斑块之间的连接度低，湿地内部生境的破碎化情况较为严重。城市湿地作为城市的重要生态基础设施，具有众多服务功能，它包括以下几点：第一，为城市居民提供必需的水源；第二，为城市提供完善的防洪排涝体系；第三，调节区域气候，缓解城市热岛效应，提高城市环境的质量；第四，为动植物提供良好的栖息地，保护物种多样性；第五，为城市居民提供休闲娱乐的场所，丰富市民的业余生活。此外，一些城市湿地还具有特殊的历史文化价值，现已成为重要的爱国主义及科普教育基地。

20世纪初至今，城市人口增长了近10倍，城市人口的比例从14%增加到50%。城市化进程的加速使湿地面积减少，生境破碎化情况加剧。如从20世纪60年代到70年代中期，北京"有8个湖泊、共334 000 m^2 的湿地被填；具有500年历史的护城河也遭同样厄运，1953年护城河面积为41 190 m^2，现在的面积不到原来的一半"。[1] 由于城市化进程中的不合理规划，湿地受

[1] 段天顺. 关于北京城市河湖整治的思考和建议 [J]. 北京城市规划; 1999, (1): 33-38.

污染的情况愈来愈严重，其周围环境也受到了污染，对生态系统及社会服务功能起了消极作用。另外，湿地生境条件的改变以及在湿地规划中盲目地引进一些异地物种的做法，导致外来物种对湿地生境的入侵，降低了本地物种的存活几率，增加了城市湿地保护和恢复的难度。

一块未受自然和人类干扰的湿地，其物种的多样性、结构的复杂性、功能的综合性和抵抗外力的稳定性会使其保持"健康"的状态。当外力的干扰超过湿地的自我修复能力时，湿地生境恶化，功能退化，进而影响区域环境。城市湿地的保护及恢复，需要相关部门采取具有前瞻性的规划理念及科学的规划措施。鉴于上述情况，睢县应对现有的大片湿地给予保护，在此基础上进行适度的利用。宝贵的湿地资源是睢县旅游业的一大亮点，更是其自然生态系统的重要组成部分，因此，要坚持保护第一与开发有序、适度的原则。

湿地内进行严格的管理，结合生态林的建设，开展多种游憩活动，如观光、木屋度假、露营、烧烤、标本采集等，同时，还可以与周围村镇的发展相结合，如开展农家乐活动等。

②睢县博物馆

睢县博物馆是在参照国内外旅游发展的经验的基础上、结合睢县社会经济深层次发展的需要而建的，用以展示睢县深厚的历史文化和丰富多彩的自然景观。该博物馆不但可供游客观光游览，还为开展青少年自然教育活动提供了场所，成为了睢县旅游发展中的一个亮点。

③风土村民俗文化中心与农家乐活动

风土村民俗文化中心的建立主要以商丘市悠久的历史文化和睢县当地丰富的民间艺术活动为依托，邀请各乡的特色表演队，将民间戏剧、民间舞蹈、民间说书、民间刺绣、民间剪纸等集中起来，并鼓励游客参与其中。为保护典型的中原风土村落、保留传统的生产方式、降低居住人口密度以及发展观光休闲业发挥了重要作用。

开展农家乐活动的目的是让游客参与、体验农家生活。选择部分农户作为示范点，让游客吃农家饭，住农家院，感受农家生活的乐趣。除此之外，还可利用自然环境，开展野营、科普、探险、远足、野外生存等活动。

④北湖滨湖公园

在已建成的北湖滨湖公园（新世纪公园）的基础上增加绿化面积，丰富植被层次，统一建筑风格，增添必要的公园设施，使之不仅可以作为对外旅游的一大景点，还能成为当地老百姓日常的休闲场所。

⑤特色生态公园

生态公园将建在睢县闲置的土地上，以特色农业文化为基础，并与原有的生态林工程相结合，从而扩大种植和绿化区域，进一步整合土地。这座公园将是一道天然的保护屏障，既可以保护生态环境，又可以丰富景观；除此之外，还能为开展休闲旅游业和解决当地剩余劳动力提供一条新的出路。

⑥明清一条街的保护和开发

作为睢县的历史文物保护单位，明清一条街的保护和开发将关系到文物保护与城市基本建设之间的矛盾问题。目前的街景已经因年久失修而破落不堪，严重影响了附近居民的居住安全和生活环境。因此，在施工前，应保留典型的、现状较好的建筑，严格把关，尽可能使修缮后的明清一条街修旧如旧，成为真正的传统民居建筑群，实现其文物保护和旅游开发的双重价值，但具体措施还需相关部门协商决定。

（4）旅游线路设计

①旅游线路设计原则

旅游线路设计应遵循组景内容丰富多样、旅游景点间距适中、可环线游览等原则。

②旅游线路设计方案

• 区际旅游线路

睢县首先要列入豫东旅游线路之内。豫东旅游线路是一条比较成熟的带状旅游线路，在国内外已建立起良好的声誉并拥有固定的客源市场，因此，睢县应与豫东旅游线路上的开封、周口等城市的名胜古迹、宗教建筑、自然风光、民俗风情等相结合，形成复合型旅游线路，实现优势共享、资源互补，以吸引共同的客源。

睢县旅游应以商丘市为依托。从现实和潜在的游客流向进行分析，商丘市流入睢县的游客人数在睢县接待游客的总人数中占有很大的比重，商丘市将是睢县引入国内游客的主渠道，为此，睢县城区应与商丘市区、商丘古城等组成多品种、高品位的聚合型旅游区，并形成区际环形旅游线路。

• 县域旅游线路

东线：明清一条街—吕祖庙—宝墨亭；

西线：汤文正公祠—睢杞战役战场遗址—周龙岗文化遗址；

南线：无忧寺塔—圣寿寺塔；

北线：白云寺—王伯当墓—睢杞战役烈士陵园—北湖。

（七）浙江省嘉兴市秀城新区控制性详细规划

1．规划背景

该项目的场地位于嘉兴市区的东南方向，向西与革命圣地南湖遥遥相望。场地内，除现存的少量住宅外，大部分区域为农田，地势较为平坦，且拆迁量相对较小。此外，现存的水网与植被可以提供良好的生态环境，在规划与建设中应加以利用。在场地的南侧，新建成的中环南路保证了秀城新区与主城区的交通联系。根据上述有利条件和城市经济发展的需要，嘉兴市秀城区人民政府决定对该场地进行控制性详细规划。

2．规划原则

（1）与嘉兴市的城市建设和经济发展水平相协调；

（2）贯彻"以人为本""尊重自然"和"可持续发展"的思想，满足经济性、安全性、舒适性、生态性的要求，创造一个布局合理、功能齐全、交通便捷、环境优美的现代化新区；

（3）面向市场、切合实际，以利于起步建设与分期开发，正确处理社会效益、经济效益与环境效益的关系；

（4）考虑规划实施的长期性与未来的发展，各项控制指标要具有相对的弹性，从而提高规划的可操作性；

（5）符合作为嘉兴市的东南大门、城市副中心以及秀城新区的政治中心、文化中心、商贸中心的整体定位。

3．规划理念——自然·生动·高效·人性

（1）布局结构——比例协调、布局合理

行政中心意向性方案图

根据规划原则，该项目将秀城新区分为行政办公、文化娱乐、商业及居住四大功能区，这些功能区做到了尽得其所、各尽其表，同时又相互依存。

①行政办公区

该区设置在秀城新区的中部，这样既有利于办公与管理，又方便与中心城区形成联系。该区的建筑群体采用自由式的布局方式，形成了南方城市特有的空间环境。

②文化娱乐区

该区紧邻行政办公区，分布于其前与后，并与其结合形成市民广场，为市民提供了方便，体现了民主精神。该区内建有图书馆、文化活动中心、健身中心、影剧院等，是一处综合性的文化场所。

③商业区

该区被分成两部分，分别位于中环南路北侧及秀城新区的西北角，其中绝大部分集中在中环南路以北，形成了集群的商业环境，这样既有效地利用了中环南路便捷的交通条件，又有利于在中环南路形成良好的沿街景观。其构成要素主要包括中高层的商业办公设施以及低层的大规模商场和超市，另外，服务业经营场所也占有一定的比例。

④居住区

该区分布于秀城新区的东侧，考虑到未来的发展，可继续向东延伸，形成连续的大规模居住区。该区充分利用了场地的水网，营造出了优美、舒适的居住环境，而其带来的大量人流则为其他各区提供了必要的支持。

（2）交通的组织构思——结合地形、曲直并用

①该方案的路网布局充分考虑了场地现有的水网，以不破坏生态环境为原则，根据各分区的具体条件有针对性地进行安排，形成既灵活又规整的格局。

②为使区内道路形成良好的结构层次，该项目将道路系统划分为主干路、次干路和支路三个等级。其中，主干路指南北向贯穿地块的曲线形道路（红线宽度为40 m）；次干路指三条东西向贯穿地块的道路（红线宽度为30 m），其中北侧的两条为上一级规划中已确定的。主干路与次干路的职能主要是使秀城新区与外界在交通上形成联系，同时将整个场地划分为若干个区块。支路(红线宽度为20 m)主要负责区内的交通联系，路网密度比干道大。这样的交通分级使区内道路系统与城市交通状况相协调，提高了交通效率。

③场地现有的路网及规划建设中的新路网形成了东西向的平行框架。该项目在区内的中心位置插入了一条东西向的曲线干路，将各主要功能区有机

地联系起来,体现了秀城新区的特色及时代感,避免形成千篇一律的呆板布局。

④商业区的路网结构仍沿用方格网式的布局,从而划分出规整的矩形地块,以利于商业区的开发。与其他区块相比,商业区的路网密度应相对较大,以增加沿街商铺的数量,提高经济效益。

⑤居住区内的路网结合水系采用了自由式的布局方式,这样既可减少外界车辆在该区内穿行的次数,又可形成丰富多变的道路景观。考虑到将来居住组团的整体开发,路网的规划并未进行过细的划分。

⑥为了使居民拥有舒适且安全的生活和休闲空间,在路网的规划中,区内水系的两侧设置了步道系统,并配合绿化区域和广场进行布置,既丰富了景观,又创造了一个安全的步行空间。

(3)景观规划构思——自然生态、返璞归真

为了满足商业方面的要求,该项目在景观设计上表现出了城市性与现代性,同时,现存的自然条件又决定了其景观的生态性,所以该项目试图将这些特性融合在一起,使它们相得益彰、相映成趣。

①商业区的规划着意于对群体空间的塑造,运用城市设计的概念,对街道的空间界面及主要建筑的体量都做了一定程度的引导和控制,从而保证空间形象的统一,避免形成杂乱无章的效果。

②在行政办公区与文化娱乐区的景观设计中,布局规则的广场与自然水系、绿化相结合,形成尺度适宜并且环境要素丰富的大面积开敞空间。

③居住区的规划坚持了自然与生态相结合的原则。沿道路两旁的板式和组合式的高层或小高层住宅,拥有相对安静的内部空间;该区中心结合水系分布着联立式的低层住宅和单体小别墅,形成了良好的生态环境。

④道路方面,除了种植行道树,还在曲线形的主干道两侧设置了30 m宽的绿化带,形成了良好的步行环境及道路景观。

⑤建筑形态体现了秀城新区的特色,从群体空间到建筑单体都要体现出时代感与现代性,所以,该项目对主要沿街界面的处理运用了城市设计的方法,以形成优美的天际线和丰富、生动、错落有致的景观。

4.开发思路

(1)考虑到规划实施的长期性与城市建设的间断性特点,秀城新区的开发建设在整体上采用滚动式的开发模式,从而提高规划的操作性与可行性。所谓滚动式的开发,即分步骤、有序地进行开发,在不断的积累中扩大范围。

(2)要建设就要有投入,然而仅凭政府的单方投入是不足以达到目的的,

关键是要吸引开发商投资,而吸引投资至关重要的一步就是基础设施的建设。因此,该项目的第一步应该是基础设施的建设,包括道路和各种工程管网(给水、排水、供电、通讯等)的建设,即所谓的"七通一平",由此将"生地"变成"熟地"。

(3)便捷的交通条件和良好的基础设施是吸引开发商的必要条件,但不是惟一的条件,良好的自然环境是吸引投资的另一主要条件。因此,在可能的条件下,还要对秀城新区内的环境进行整治,从而使土地升值。但在这一过程中要注意一个问题,即对现存良好的自然环境进行保护(主要是对水系与绿色植被的保护)。

(4)在信息时代,宣传是一种有效的手段,通过必要的宣传与行政手段可以吸引投资。建设之初,在行政办公区内建设一定规模的办公设施,这样既便于管理,又有利于树立新区的崭新的形象。在四大功能分区中,居住区是最具开发潜力的,由于区位的差异,秀城新区的房价必然会低于市区内同等档次的住宅,所以新区的住宅建设应该是最先开始的。特色鲜明的高品质居住组群的建成将会吸引一定数量的人口到此生活,从而也会出现一定的商业需求与文化需求,进而形成一系列的商业活动,作为物质载体的商业与服务业建筑也会随之增加。

(5)出售土地的收入可以用来进行文化设施及环境的建设,为居民打造良好的生活与休闲空间,从而吸引更多的居民,使新区在规模上得以拓展。

(6)必须格外注意的一点是,商业活动的有序进行主要是市场规律在起作用,而非行政手段的结果。所以商业区的建设规模要适当,切忌盲目开发,造成不必要的重复建设,导致资源闲置和资金浪费。要充分发挥交通对经济的拉动作用,在不影响交通的条件下,可利用交通带来的区位优势发展商业,产生一定的规模效应。

5.设备工程规划布局构思

(1)给排水工程规划

①给水工程规划

新区用水以主城区的供水网络为依托,区内多处埋设了给水管,与城市给水管网相联系。其中中环东路的两侧埋设 DN800 mm 和 DN300mm 的干管,中环南路的两侧埋设 DN800 mm 和 DN300 mm 的干管,南溪路与双溪路的两侧均埋设 DM400 mm 和 DN200 mm 的给水管。为满足水量和水压的要求,提高供水的可靠性,秀城新区内还设有若干泵站、水塔和阀门井等调节与储水设施。另外，为满足消防安全的要求，秀城新区内的主干路、次干路与支路上均需设置室外消火栓，它们之间的间距应小于120m，且连接消火栓的管道直径应大于100mm。

②污水工程规划

为充分利用地形条件，该项目采用雨水与生活污水分流的排水体制。雨水通过单独的雨水管按就近分散排放的原则排入水体；生活污水通过污水管道统一集中至污水处理厂进行处理，达到国家污水综合排放标准（GB8978—88）的要求方可排入水体，而其排放走向主要是：向西至中环东路，向南至南溪路，最后与主城区管网相接。

（2）电力、电讯工程规划

①电力工程规划

遵循现代化、高效率的原则，秀城新区的电网通过电缆实现电力的供应。为与主城区电网形成良好的衔接与过渡，秀城新区应建有配电所及开闭所等，如果附近无大型的变电所，可自建一处变电所，其出线走廊宽度应满足相应的标准，以保证居民的安全。配电所分别设在居住区与商业区内，提供不同的电压，其中户内型的配电所的单台变压器容量不宜超过630kVA，一般为两台，进线两回，而315kVA及以下的变压器宜采用变压器台，并进行户外安装。

②电讯工程规划

秀城新区内的电讯网络通过西侧中环路的36孔管道、东侧双溪路的12孔管道、中环东路与泾水路交叉口的三水湾电信分局连通；有线电视网络主要是通过中环东路的城市光缆主干线与有线电视分中心（位于南溪路、中环东路交叉口西南侧）相连。

（3）供热工程规划

目前，沿中环东路设有DN150mm的主干管，沿南溪路、双溪路设有DN125mm的干管，可满足近期建设的需求。考虑到嘉兴市未来将使用天然氯供热（规划草案已出台），下一步的控制性详细规划应对天然氯供热系统加以考虑，但是由于基础资料不足，在拟方案阶段暂不涉及。

（4）管线综合规划

在布置地下管线发生冲突时应遵循以下避让原则：压力管让自流管；管径小的让管径大的；易弯曲的让不易弯曲的；临时性的让永久性的；工程量小的让工程量大的；新建的让现有的；检修次数少的、方便的让检修次数多的、不方便的。如遇到管线同沟敷设的情况时，应做到符合相应规定，另外，各管线间的间距与埋深指标均需符合标准。

（八）河南省商丘市小城镇生态建设与景观环境研究

1. 小城镇生态建设的意义

（1）生态型小城镇是时代的必然选择

我国小城镇目前处于快速发展的阶段，小城镇建设涉及生产力和生产关系等诸多方面的全局性和战略性调整。当前我国的城镇化建设只注重几个经济增长指标的考核，而忽视了城镇经济、社会、生态、人文、环境的协调发展，以及环保意识和可持续发展的观念，因此，当问题出现时，小城镇就与生态化的时代格格不入，这必将影响其长远发展。

随着社会生产力的不断提高，人类社会已经经历了农业社会和工业社会两个发展阶段。"绿色技术"的出现推动了生态革命的发展，在此基础上也必将建立起一个生态化的社会，而生态时代的认识论基础则是人与自然的和谐。人类历史上，人与自然的关系已经经历了从"朦胧"到"对立"再到"和谐"三个阶段，人与自然的关系也从原始时期的"无争"到现代的"掠夺"及今后的"和谐"。生态时代需要社会的发展与生态环境的协调，这是人类付出了巨大的代价之后才选定的一个理想的社会发展方向，其根本要求是既要尊重客观经济规律的作用，又要尊重客观自然规律的作用。

已走过的城市化道路表明：城市中聚集了大量的物质财富和人类智慧，但同时也集中体现了当代人类社会的各种矛盾，引发了所谓的"城市病"，如大气污染、水污染、垃圾污染、地面沉降、噪声污染，基础设施落后、人口膨胀、交通拥堵、住宅短缺、土地紧张、能源紧张，以及市内风景区旅游资源被污染、名城特色被破坏等。这些都严重影响了社会、经济和环境等方面的功能的正常发挥，甚至给人们身心健康带来了巨大的危害。

随着生态环保观念被人们广泛接受，回归自然的呼声越来越高，"把家轻轻地放在大自然中"是对未来人居环境的生动描述，也是商丘市小城镇生态建设的目标之一。

（2）打"生态牌"以提高小城镇综合竞争力

商丘市的经济发展在总体上拥有诸多有利条件，如劳动力充足、地理位置优越、交通便利、能源和原材料充足以及具有一定的工业基础等；但是，商丘市也存在一些不利条件，如随着世界性产业结构的调整，高新技术产业比重增加，小城镇的传统资源开发型产业和加工型产业成为了低附加值产业，资本吸引力的降低以及资源优势的逐渐弱化都会使小城镇处于不利的竞争地位。

良好的环境是实行对外开放和引资的重要条件，二者相互依存、彼此促进，同时，良好的环境也是促进生产力发展的物质基础。商丘市所处区域是我国经济开发最早、人类活动最频繁的地区之一，加上近年来乡镇现代工业企业在发展过程中所造成的污染，生态环境已遭到了严重的破坏。商丘市也是人口、资源、环境与经济发展之间矛盾较为突出的地区，所以，在推动经济持续、快速、健康发展和社会全面进步的同时，商丘市的小城镇也应注重人口、资源、环境与经济的协调发展，以增强自身可持续发展的能力，这是其发展的内在要求。

在以上的背景下，打"生态牌"在某种程度上会增强商丘市小城镇的投资吸引力，也是提升当地综合竞争力的一项新举措。

2. 小城镇生态建设的指导思想和原则

（1）以可持续理论指导小城镇的生态建设

开展生态城市建设的目标之一就是使小城镇朝着和谐的方向发展，即人与自然、人与人之间达到和谐的状态；而开展可持续城市建设的目的是避免小城镇的开发建设活动对后人带来不良的影响。二者在本质上是一致的，开展生态城市建设会推进城市的可持续发展，并且二者都以维护生态系统、关注居民生活质量、节约土地和资源等当前社会普遍关注的问题为重点。

（2）以预防污染为城镇生态规划的指导思想

全社会对生态环境问题所做出的反应经历了"被动响应""接受现实""建设性发展"和"预防为主"四个阶段。多年来的环境保护实践表明，末端治理具有很强的局限性，为了处理污染要耗费巨额的资金以及消耗大量的能源和材料，但效果却不理想，并且有些环境问题根深蒂固，想要彻底解决十分困难。因此，预防才是解决环境问题的关键。

（3）强化小城镇的生态学内涵

小城镇在生态上的特点主要体现在几个方面：第一，地域性，小城镇中的居民主要由当地人构成，这些人具有共同的文化背景和生活习惯，在环境建设方面容易获得认同；第二，尺度小，在小城镇中生活和工作，人们一般步行就可到达目的地，避免了巨大的机动车交通流量带来的空气和噪声污染等环境问题；第三，自然环境优美，小城镇周围通常被乡村的田野和自然山水所包围，不存在无序延伸的城乡结合带，是天然的"田园城市"；第四，通过河流、农田林网等将城市与周围乡村的自然景观连为一体，使城市和乡村互相融合，以避免城市中因建设大型开放绿地而占用额外土地的情况，从而使城市实现高效、紧促的状态，有利于可持续发展；第五，低消费和低能耗，与较大的城市相比，小城镇在物质生活上的要求较低，这就可以避免由于过度的物质消费而导致社会财富的浪费，另外，合理地建设小城镇可防止产生热岛效应，从而节约大量的能源，同时屋顶上的太阳能热水器还可以成为城市形象的一部分。

总之，小城镇与生态学应用的基本原则具有密切的联系，对大城市中追求简朴、宜人生活的人群具有较强的吸引力。因此，小城镇建设应该围绕如何强化以上生态学的内涵进行规划。

（4）规划原则

城镇属于一种"自然—社会—经济"的复合型生态系统，兼具经济、生态和文化价值，因此，城镇的生态环境也有赖于人为的调控。在小区域内研究城镇化，最终目的是落实到具体的城镇建设和管理上，既要使其发挥经济生产潜力，又要营造有序、健康发展的宜人环境。

商丘市小城镇建设的生态规划原则是从实际出发，采取因地制宜、逐步推进、综合发展的战略。近期以经济效益为主，兼顾社会效益和生态效益；中期以社会效益为主；远期则以生态效益为主。

3．小城镇生态资源现状分析

（1）农业资源

商丘市位于河南省东部的冲积平原区，是耕地集中并且土地质量较好的地区，属暖温带气候区，农业比较发达，林网完整，林牧业发展前景较好。该地区拥有得天独厚的自然条件，物产丰富，农、林、牧、副、渔各业兴旺发达，是国内著名的农副产品生产基地。粮食、棉花、油料、烟叶、水果以及林木、畜牧产品以品种多、产量大、质量优享誉全国。全市共有产粮大县2个，商品粮基地县6个，产棉大县2个，优质棉基地县5个，瘦肉型猪养殖基地县4个。其中，民权县胡集回族乡是优质的果树种植基地，龙塘镇是国家农业部指定的全国优质红富士苹果生产基地，宁陵县被国家农业部评为全国惟一优质酥梨生产基地县，誉为"中国酥梨之乡"，同时还被确定为全国山羊板皮基地县。除此之外，商丘市本身还是闻名全国的"泡桐之乡"，全市桐木蓄藏量达8000万立方米。

作为农业大市，商丘市的农业生产对全市生态环境可起到决定性的作用。由于目前农业种植结构不能很好地适应环境状况（主要指土壤性质和降水量），春季和冬季沙尘天气频繁，严重限制了当地的生态建设。

（2）水资源

商丘市地处豫东黄河冲积平原，水资源严重不足，全市人均水资源443.1立方米，每平方千米的地下水资源量约0.25立方米，远低于全国、全省的平均水平，而且地表水污染严重，现全市供水主要依靠地下水。由于工业的发展及人口的增加，地下水的需求量日益加大，再加上地下水的不合理开采，导致了地下水资源消耗过多，地下水位下降，形成了地下漏斗区，并呈逐年扩大的趋势。因此，水资源不足将成为制约经济发展的主要因素。

①地表径流

商丘市所处地区属淮河流域，分属洪泽湖、涡河、南四湖三大水系。洪泽湖水系境内流域面积为4912平方千米，涡河水系境内流域面积为4341.5平方千米，南四湖水系境内流域面积为866.4平方千米。商丘市内的骨干河流有涡河、惠济河、沱河、黄河故道、浍河、王引河等。河流大多呈西北至东南流向，大致平行分布，多属季节性雨源型，汛期遇大暴雨时，河水猛涨，洪峰来势迅猛，水位、流量变化很大。各县市平均降水量为686.5～872.9毫米，南部多于北部，东部多于西部，降水量由东南向西北呈递减趋势。降水的分布不均造成了春旱夏涝、涝后又旱、旱涝交替的情况。

②地下水资源

商丘市位于黄河冲积平原孔隙水区（黄河横贯本区，由于其河道曾多次变化，所以含水冲积层遍布本区），浅层含水组由砂砾石、中粗砂、细砂、粉细砂组成。含水层性质、结构和季度变化复杂，富水性不如山前平原，其中60米以下为承压水。商丘市北部属于浅层地下水贫乏的地区。

农业灌溉导致地下水开采过度，给商丘市的发展带来了隐患。整个黄河、淮河、海河流域平原中部地区的农业用水有以下三个来源：第一，年平均600～750毫米的降水，除去10%左右的径流深度，实有450～675毫米可用；第二，约76亿立方米的引水量来自黄河，据有关黄河断流的报道，1997年黄河断流13次，断流时间达226天，后果十分严重，所以这个引水量已到了极限；第三，约104亿立方米的井灌水。本地区每667平方米农田的年用水量约为500～700立方米，考虑到大气的蒸发（年平均蒸发量1350～1450毫米），这仍显不足。就河南省总体情况而言，年平均缺水量为24.2亿立方米，中等干旱的年份缺水量为68.7亿立方米，解决缺水问题主要靠超采地下水的方式，因而造成地下水位连年下降，地下水漏斗区面积不断扩大，至今已达749.7平方千米。安阳、濮阳、新乡和焦作地区地下水位在8米以下的面积达7279平方千米。根据观测，该地区水位年下降速度在0.3～1.7米不等。宁陵县从1998年的7.91米下降到1999年的16.21米，下降速度为每年0.83米。

（3）土地资源

商丘市的土地开发历史悠久，凝聚着大量的人类劳动，土地开发基础好，道路建设、林网建设、农田水利建设都达到了较高的水平，但农业用地的人均数量不多，供给受到限制。目前全市人口约800万，面积1万多平方千米，其中，耕地面积6240平方千米、园地面积268平方千米、林地面积436平方千米、牧草地面积697平方千米、住宅及工矿用地面积1620平方千米、交通用地面积326平方千米、水域面积662平方千米，而未利用的土地面积仅有116平方千米，土地利用率达到了99%。

商丘市区土壤类型主要为潮土和沙土，土壤质量差是该地区农业环境中的突出问题。土壤普查显示：土壤有机质含量普遍偏低，其中氮、磷、钾比例失调，土壤中有机质含量得不到补充，土壤养分的平衡被破坏，加之生活污水，工业"三废"（废水、废气、废渣），化肥和农药中的酸、碱、无机盐，重金属（镉、汞、铬、铜、锌、铅等），含氮有机物以及各种病原体的渗入，土壤污染程度严重。

商丘市的农业用地不仅面积有限，并且存在大量的低产田，而对低产田进行合理的开发将会增加土地的有效供给；工业用地方面，由于人口密度低于沿海城市，土地供给价格也只有沿海的1/100～1/10；工矿区用地相对充足。

为了促进土地开发，应做到营造良好的土地供给环境，发展土地交易市场，实现土地有偿转让，因为土地转让是小城镇获取建设资金的有效途径。

（4）动植物资源

商丘市属于暖温带半温润大陆性季风气候，大部分土地都已被开垦，除少数河滩、山丘、洼地、盐碱地中生长着一些自然植被外，其余地区早已被人工植被所覆盖，成为了河南省典型的以发展农业为主的地区。此外，商丘黄河故道国家森林公园还有水杉、池杉、银杏等珍稀树种分布。

因地处平原，商丘市野生动物的种类和数量较少。受人类活动的影响，生态环境已经发生变化，许多兽类、鸟类逐渐减少，有的现已灭绝。商丘市现有鸟类200种左右（其中国家级重点保护的有20多种、省级重点保护的60多种），两栖爬行类野生动物10多种，兽类20多种，主要分布于湿地资源较为丰富的民权县、睢县、梁园区、睢阳区和虞城县。

（5）气候资源

商丘市属暖温带季风气候，年平均气温在13.9～14.3℃之间，年平均日照时数为2204.4～2427.6小时，年日照率为50%～55%。无霜期为207～214天。全市热量充足，作物生长季节积温较高，能够满足粮食作物一年两熟的要求。

（6）矿产资源

①关于矿产资源，在商丘市境内仅发现有煤炭，主要分布在永城市、夏邑县。商丘市含煤面积 2056 km²，远期储量 100 亿吨，工业储量 23.56 亿吨，天然焦 5.73 亿吨，可采煤层 3～5 层，总厚度 6.6 m，其中大多是低硫、低磷、高中等发热量的优质无烟煤，是动力和生活用煤的理想原料。商丘市是我国六大无烟煤基地之一，已被列入国家重点建设项目。

②金属矿产仅有铁矿，分布在永城市，因水文地质情况复杂，尚未进行开发。

③非金属矿产，永城市的芒山镇藏有石灰岩、花岗石英斑岩、白云岩、细晶岩、大理石、膨润土、粘土等。

④永城市城东 3 km 和西北 4 km 处有地热资源，埋藏深度分别为 580 m 和 480 m，水温分别为 36℃和 40℃，均为低温热水。

（7）生态旅游资源

生态旅游资源，指以优美的生态环境吸引游客前来开展生态旅游活动，为旅游业所利用，并在保护的前提下，能够产生可持续的生态旅游综合效益的客体，如自然保护区中的森林、气象、水文、植被、动物，以及体现民俗、民风的人文景观等形成的系统。也就是说，生态旅游资源既包括自然生态系统，也包括文化生态系统；既包括物质上的"有形的生态旅游资源"，也包括精神上的"无形的生态旅游资源"。

商丘市是中华民族的发祥地之一，因商部落居于丘而得名，商品、商业、商人由此出现。从远古时代起，人类就已经在商丘地区繁衍生息，创造了灿烂的文明。从发掘的文物可知，这里有仰韶文化、龙山文化以及先商文化。据调查，商丘地区有古文化遗址 1000 余处，其中载入《中国文物地图集》的文化遗址为 802 处。

商丘古城为我国目前保存最好的四大古城之一，1986 年被国务院命名为全国历史文化名城，1996 年被国务院授予全国重点文物保护单位。其中西汉梁王陵墓群位于永城市芒砀山，其数量之多、规模之大、价值之高、分布之集中，可谓世所罕见，令人叹为观止；而白云寺始建于唐朝贞观年间，并与少林寺、白马寺、相国寺并称为中州（河南省古称）四大名寺。

刘口黄河故道被人们称为"水上长城"，迄今已有 450 余年的历史，也是国内保存较为完整的黄河大道之一。商丘黄河故道国家森林公园位于梁园区西北部，是全国平原绿化惟一的国家级森林公园，是一个以黄河故道自然风光为主要特色，集游览观光、生态旅游、科普教育、度假休闲为一体的综合性国家级森林公园。公园现有森林蓄积量1.8万立方米，森林覆盖率达85.1%，森林物种包括水杉、池杉、银杏等珍稀树种和刺槐、泡桐、杨树等速生优质用材树种。睢县凤城湖旅游区，睢阳区南湖公园，民权城关镇，程庄镇境内的申甘林带以及黄河故道沿线的林七湖、吴屯湖、任庄湖、张阁湖和郑阁湖，也是适合生态旅游的良好去处。

4. 城镇生态环境质量总体评价

(1) 大气环境质量

商丘市的大气环境质量整体尚好，但局部堪忧。大气污染主要集中在工业基地密集区，呈现城中心较城郊污染严重这一趋势。工业大气污染主要是化学污染，成分有二氧化硫及其他有毒气体。大气中氮氧化物和一氧化碳物质则来自工厂排放的和居民生活烧煤产生的烟雾以及汽车尾气。

还有一些小城镇的大气污染较为严重，应该引起注意，比如夏邑县李集镇主要生产石棉产品，该产品中含有毒成分较多，极易造成大气污染；杨集镇磷肥厂是主要的污染源，其在生产过程中会产生二氧化硫等硫化物并直接排放至大气层；此外，永城市火力发电厂、民权县龙塘镇磷肥厂、梁园区张阁镇磷肥厂、睢阳区勒马乡五尤磷肥厂也是当地大气污染的主要来源。

(2) 水环境质量

商丘市城镇的水污染日趋严重，水环境质量总体状况不佳，工业污染源和生活污染源是本地区水体污染的两大源头。

商丘市共有5条省控重点河流，自西向东依次是惠济河、大沙河、包河、浍河和沱河，然而市区内绝大部分工业污水及生活污水最终都排入到这些河流中，再加上近几年降雨量偏少，这些河流径流量小，枯水期基本没有流量，造成河道水体自净能力差。目前，除沱河张桥段水质略好外，其余河段均为劣Ⅴ类水质，这些河段以有机污染为主，主要污染物为氨氮、悬浮物和挥发酚。

夏邑李集镇的漂染工业的废水未经任何处理直接排入水体。比如，地毯厂的废水中主要有苯胺类化合物、硝基苯类化合物、氰化物及悬浮物等，杨集镇新新木业公司、珠粟食品公司、再生纸厂、茧丝绸公司等排放的工业废水中含有苯胺类和硝基类物质，此类未经处理或处理率低的工业废水的直接排放，会造成当地部分河流的污染具有不可逆性，虞城县杜集镇第二造纸厂和睢县长岗镇造纸厂也属此类污染企业。另外，虞城县杜集镇豫东华信油脂厂、城关镇万新肠衣有限公司、宁陵县程楼乡西村油脂厂的生产废水的直接排放，会导致当地水体富营养化，也应当引起注意。

商丘市绝大多数城镇内的排水主要依靠河流和沟渠，街道两侧没有排水沟，雨水和污水无法及时排泄，形成积水和污泥，导致环境质量差。城镇生活污水中含蛋白质、氨基酸、动植物脂肪、尿素、氨、合成洗涤剂等，如果直接排放入水体，会造成水体富营养化，水体中生物的数量和种类急剧减少，进一步导致生态系统失衡。

（3）声环境质量

商丘市部分小城镇的规划理念照搬大城市，在功能区的划分、交通布局方面都参照大城市，以至于很快产生了各种环境公害，给城镇居民的人身安全带来很大的威胁，尤其是公路干线穿城而过，将产生大量的汽车尾气以及造成严重的噪声污染，如310国道横穿宁陵县逻岗镇、石桥乡、民权县龙塘镇以及夏邑县城关镇等，陇海铁路横穿夏邑县杨集镇、梁园区谢集镇、宁陵县柳河镇、民权县城关镇等。另外，工业噪声污染也需引起注意，如火电厂发出的生产性噪声等。

（4）固体废弃物处理

2000年全市生活垃圾（主要是居民燃煤产生的煤灰）产生量47.7吨，其中有38.2万吨进行了简单的处理，其余9.5万吨则任意排放。随着城市人口的快速增长和人们生活水平的提高，城市生活垃圾的产生量将持续增长，据资料显示，当地大部分小城镇固体废弃物综合利用率低，污染严重。商丘市小城镇建设中缺少垃圾中转站及垃圾处理厂，工业垃圾和生活垃圾不能得到及时的处理，乱堆放，造成坑、塘、河流的水体污染。这些垃圾被填放在城区低洼地及坑塘周边，不但浪费了宝贵的土地资源，而且还引发了多种环境问题，如使大气、地下水和地表水等遭到污染。

以上现象表明商丘市小城镇的发展仍存在问题。清洁燃料没有得到普及和推广，人们的环保意识还有待提高；缺少固体废弃物收集和无害化处理的设施，导致垃圾被随意堆放，占用了宝贵的土地资源且污染了环境；生活污水不经任何处理而随意排放，工业污水的处理率也极低，散发臭气的简陋排水明沟或暗沟直接连接农田河道，使农田土壤和河流水体受到污染。此外，这些问题还会造成严重的视觉污染和嗅觉污染，给小城镇的形象也带来了严重的负面影响。

（5）城镇园林绿化水平

商丘市小城镇整体绿化覆盖率较高，2000年城市人均绿地面积达6.4 m^2，与1995年相比，增加了88.2%；城镇绿化率由1995年的20.8%增加到2000年的31.5%。但是由于历史原因，大面积生态防护林被毁，破坏了其防风、固沙、蓄水保土、涵养水源、净化空气等生态功能；并且由于树种单一，病虫害严重，形成了大面积的低产林。另外，全市仍有半流动的沙丘，面积为 4 485 000 m²，主要分布在民权县、睢县和梁园区。

商丘市小城镇绿化工作中也存在城镇绿化布局不合理的现象，新建、改建、扩建地段的绿化工作没有跟进，造成当地生态环境较差，不能满足居民休闲娱乐需求；另外，还存在绿化树种单一、专用绿地数量少且分布不均和绿地种植结构不合理等问题。

5．生态区域划分

根据城镇开发的程度、生产力的布局和周边自然资源的特点，商丘市小城镇分布在以下几类生态分区中。

（1）生态敏感区

生态敏感区是对区域总体生态环境起决定性作用的大型生态要素和生态实体，包括自然保护区、森林公园、水源地、大型水库、海岸带以及风景名胜区等，其生长、发育和对其保护的好坏决定区域总体生态环境质量的高低。生态敏感区内小城镇的建设要严格控制区域开发强度，完善生态规划，条件成熟时，可在局部开发旅游项目。

①豫东黄河故道湿地鸟类自然保护区

拟建中的商丘市豫东黄河故道湿地鸟类自然保护区，是黄河故道湿地系统的组成部分，地处黄河中下游的人口稠密区，区内水域和滩涂广阔，野生动物和植物资源丰富，是内陆平原地带罕见的湿地自然保护区，具有重要的生物多样性保护意义和潜在的生态旅游、科研开发价值。但是这片湿地的处境也令人担忧，当地农民"天然湿地就是荒地"的观念根深蒂固，导致大片湿地被改造成了农田。加快有关湿地自然保护区项目的申报和建设，是当前商丘市生态建设的重要任务之一。

②黄河故道生态防护林工程保护区

商丘市黄河故道国家森林公园位于梁园区西北部，是全国平原绿化工程中惟一的国家级森林公园，近几年随着人口增多和城镇发展速度加快，人和林争地的矛盾日渐显露出来，黄河故道内种植的大面积生态防护林遭受到了不同程度的毁坏。原来起到防风固沙作用的经济防护林也因为品种老化和经济效益差，而被大量砍伐，换种了经济作物。该保护区还面临树种单一、病虫害抵御能力差等生态安全问题，如今河南省平原地区的绿化主要靠种植杨树和泡桐两种树，此外，杨树还容易感染"杨扇舟蛾"虫害，泡桐易感染"大袋蛾"虫害，且一旦扩散就很难控制，郑州至商丘的高速公路两边新植的杨树就曾遭到严重的虫害，敲响了森林生态灾害防治的警钟。因此，引进和培育更多的优良树种以抵御虫害成为了当务之急。

③黄河饮用水源保护区

商丘市水资源不算充足，市区深层地下水已经被超量开采，形成了大面积的地下水漏斗区。黄河水是商丘市农业灌溉、补充浅层地下水和将来城市供水的一个重要水源，因此，坚决禁止在引黄沿线发展水污染严重的项目，并严格遵照地表水源地的保护标准，切实保护好水资源，防止其受污染。

④重点古文物保护区

以永城市芒山镇为主体的一批历史重镇组成了商丘市重点文物保护区，该保护区包括历史文化保护区、文物保护单位及文物保护点，其核心为历史文化保护区。

（2）生态修复区

永夏煤田是一个总储量达30多亿吨的大型优质无烟煤基地，"十五"期间，永夏煤田的产量达到了千万吨。永夏煤田在开采过程中，出现了大面积的塌陷地，同时产生了大量的煤矸石、煤灰和煤渣等废弃物，对周围环境产生了严重的负面效应。

矿区塌陷地的生态重建。废弃土地受到的人为影响较少，往往能展示出很高的生态价值。废弃地上植被群落的恢复途径主要包括改变地形、改善土壤结构、控制pH值、增加土壤肥力、营造适宜生长的生态环境以及使用本土树种等，此外，这些途径还可以将废弃地改造为生态公园。

通过综合利用煤矸石、煤灰粉等固体废弃物来发展生态环保型产业，是生态修复形成良性循环的保障措施之一，如将煤灰粉制成的砖块用于新区建设，或者就近建立矸石水泥厂等。

（3）生态建设区

生态建设区包括重要的农产品生产基地，该类型生态区域由林地、农田、草地、水体、聚居地等生态系统组合而成，这些系统互相制约、互相依存。积极开发、使用生物农药和高效低毒农药，控制化肥施用量，加强规模化畜禽养殖污染防治，有效控制保护区面源污染，可改善建设区内的生态环境。

（4）生态控制区

生态控制区是需要对城市生态和景观质量加以把控的区域，如城镇及城镇组团隔离带、城镇密集地区和企业相对集中地区，包括商丘市中部城区及周边地区。此类地区要做到引导人口合理分布、保持产业相对集聚、控制城镇沿交通干线盲目延伸、建立农田保护区、打造生态走廊。

6. 小城镇生态建设战略规划

目前，商丘市小城镇经济主体大多是依靠就地取材和就地加工的乡镇企业，技术层次较低，资源消耗和环境污染等比较严重。另外，人们心中存在一种错误的观念，认为城镇比较小，大自然的净化能力也比较强，便把谋求经济效益放到了首位，这无异于杀鸡取卵，只顾眼前利益而伤了发展后劲。要保证小城镇的生态系统平衡，就应从促进绿化、保护资源、控制过量的开发建设以及维持适宜的环境容量方面入手。

商丘市的城镇规划强调了整体利益和长远利益，将创造和谐有序、高效完善的现代化生态城镇作为当地小城镇建设的总体目标。

(1) 2003～2010 年生态建设目标——蓝天、碧水和沃土

2003～2010 年是商丘市小城镇体系合理布局和产业结构调整的关键时期，小城镇发展以经济利益为主，兼顾社会利益和生态利益，因此，生态环境的整治成为了该时期生态建设的主题。针对商丘市风沙大、河流污染严重、土地资源耗竭和空气质量较差的状况，市委、市政府提出创建国家级卫生城市、国家级园林城市的目标，以营造拥有"蓝天、碧水和沃土"的生存环境，提升环境质量。

① 调整农业种植结构，控制风沙

实现商丘市建设生态城镇的发展目标，首先需要改善当地整体的生态环境，改变冬春季节风沙大的现状。具体可以采取以下措施：

● 调整冬季种植业结构，增加小麦、油菜等冬播夏收作物的种植面积。冬闲地采取免耕方式以保护地表结构，减少风沙期沙尘来源。另外，避免过度放牧，以防破坏地表植被。

● 增加农田林网和经济林种植面积。由带状林网向片状林网转变，林网间距 50～100 m 为宜。一方面进一步加强农桐间作等的农田林网建设，另一方面可以利用当地气候资源，扩大一些乡镇周边地区现有果园的种植规模，达到控制风沙、调节气候和取得经济效益的目的。

● 增加保护地种植面积。加大商丘市区周边小城镇现代农业设施的投入，一方面可以使其成为市中心的"菜篮子"基地，另一方面又起到了防治风沙的作用。

② 保护土地资源——集约用地，造福后代

随着当地经济的发展，农业生产活动的规模和强度日益增大，叠加于自然侵蚀之上的人为侵蚀对土壤的干扰与日俱增，大大限制了土地生产力的发

挥。再加上城市化进程迅猛，人们对土壤肥力过分消耗，使得土壤的侵蚀与土壤的自我保护能力处于一种非平衡的状态。为了改善这种状况，实现土地资源的可持续利用，该时期以保护土地资源为侧重点。

商丘市当时的经济发展正介于"起飞前阶段"与"起飞阶段"之间。因此，该时期商丘市做到了客观地分析发展现状，以自身的资金能力和支持条件为出发点，首先发展27个战略重点城镇，避免盲目铺摊子，造成人力、物力、财力和土地资源的浪费。

③发挥城镇人口聚集作用

大量人口聚集的城镇拥有比乡村更完善的基础设施和公共设施，集约的土地利用方式也使城镇呈现出与乡村完全不同的地域景观和建筑风貌，因此，为了充分发挥城镇的集聚功能，可将部分村庄合并到经济实力较强的城镇。农村新址尽量选在盐碱地、旱地、荒地等，原址大部分用于还田，小部分用于还林，以缓解商丘市土地资源紧张的状况。

④整治"空心村"

改变该时期农村居民住宅分散、用地超标的现象，整治"空心村"（由于地广房稀，村中出现大片空闲地，人们将其称为"空心村"），将农村的人均用地控制在国家规定的最高标准（$150\,m^2$）以内。

⑤控制无序延伸的城镇结合带

采取有效的措施制止城镇无限制扩展和外延，合理控制城镇扩张的局面（城市用地增长率与人口增长率之比，合理的数值应是$1.12:1$）。

⑥加强土地污染治理

商丘市除了在中心城区、县城和重点城镇建设垃圾处理厂以及水冲式厕所等环卫设施项目，还应该引入垃圾废渣等固体废物的资源化处理工程建设项目，如垃圾堆肥厂、畜禽粪便有机肥处理厂等，这样既可以避免出现垃圾围城的现象，又能带动相关环保产业的发展。

民权县褚庙乡，睢县长岗镇，以及虞城县杜集镇、谷熟镇均设有不同规模的砖瓦厂，该类企业对优质的土地资源会造成破坏，因此，应受到严格管理。

⑦治理河流污染，保护水源

• 河流治理

首先对市辖的包河、大沙河、惠济河、沱河、浍河的污染物排放量进行控制，以保证河流的水质，水质的标准pH值在$6\sim9$之间、COD为$120\,mg/L$、氨氮为$25\,mg/L$、BOD为$30\,mg/L$。商丘市各区、县入河排污口COD及氨氮入河控制目标见表3。

表3　商丘市2005年各县、区入河排污口COD及氨氮入河控制目标

河 流	控制断面	市、区、县入河排污口		允许废水入河量（万吨／年）	允许入河量（吨／年）	
					COD	氨氮
包 河	永城马桥	梁园区	宁陈闸	1202.2	2740	451.9
			蔡河口	376.1	1650	200
		睢阳区	蔡河口	574.7	1530	97.2
		合 计		2153	5920	749.1
大沙河	包公庙	民权县	干渠闸	235.3	730	164.7
		宁陵县	清水河	102.2	385	109.8
		睢阳区	古宋河	135.4	385	329.1
		合 计		472.9	1500	603.6
惠济河	柘城砖桥	睢 县	通惠渠	182.9	218	143.7
			利民河	361.8	1095	215.5
		宁陵县	废黄河	105.3	175	33
		柘城县	柘城纸厂	163	357	39
			废黄河	242.8	835	230.7
		合 计		1055.8	2680	661.9
沱 河	永城张桥	虞城县	三座楼闸	365.2	1114	466.5
			虹龙沟	57.1	100	110.5
		夏邑县	金黄邓闸	336.6	1080	551
		永城市	雪枫沟	737.4	1206	349
		合 计		1496.3	3500	1477
浍 河	永城黄口	永城市	白洋沟	583	1000	416.7
全市总计				5761	14600	3908.3

如果为了达到以上河流水质的排放标准，实现"碧水"这一生态建设目标，该时期需要妥善处理城镇工业废水和生活污水。对于工业废水可采用如下处理方式：减少污染源排放的污水量并降低其废水浓度；改革企业的生产工艺，尽量做到不用水或少用水，不用或少用产生污染的原料、设备及生产工艺，尽量采用循环用水系统，使废水排放量减至最低；根据不同的生产工艺对水质的不同要求，可将其中一个工段排放的废水运往另一个工段使用，实现一水二用或一水多用；回收有用产品，尽量使流失至废水中的原料与水分离，就地回收，这样既可减少生产成本，又可降低废水浓度，减轻污水处理负担；对于特殊性质的工业废水，应在工厂内或车间内进行局部处理；对于与生活污水污染程度相近的工业废水或经局部处理后不会对城镇下水道及生活污水的生物处理过程产生危害的工业废水，应该优先考虑将其排入下水道，并与生活污水运往污水处理厂共同处理。生活污水主要是通过地下管道被运往污水处理厂的，其余部分经生物氧化塘处理(经处理后的要符合国家农业灌溉标准)，将其用于农业灌溉。总之，应对城镇工业污水的排放以及农村化肥的使用量加以控制，减少水污染；除此之外，还应提高公众对水资源的忧患意识，节约用水，合理开发水资源。

随着商丘市污水处理厂建设项目的完成，商丘市区大部分生活污水和工业废水得到了有效的处理，出厂水质达到了国家二级排放标准。另外，扩建中的永城市污水处理厂以及拟建的柘城、虞城、夏邑三县污水处理厂对于改善商丘市水污染严重的状况也起到了积极作用。

• 水源保护

商丘市的地表水具有季节性的特点，用水多取自地下，随着工业用水、农业用水以及生活用水的需求量增加，地下水的开采量越来越大，造成不少地区地下水位明显下降。为了防止地面沉降、地表土质恶化等，商丘市加强了对地下水资源的管理，严格限制对地下水进行超采和滥采。

商丘市所采取的主要措施有：增强水库蓄水能力、充分利用雨水、增加雨水的贮存量；对黄河故道沿线的几大水库（林七水库、吴屯水库等）实行战略性的保护措施，如通过植树造林来涵养水源。

这些措施使商丘市地下水资源过度开采的情况得到了控制，实现了地下水抽取与补给间的平衡。

⑧规划建设城镇工业区——全面控制环境污染

商丘市城镇工业区的规划目标主要是遏制企业由点及面式的污染所造成的破坏农村自然生态环境的趋势。商丘市以农业为主，以农产品为原料的行业较多，如造纸业、饮料制造业、酿造业、制革业等重污染行业，废水排放量大，污染物浓度高；且许多城镇企业在选址上也存在问题，如位于城镇居住区的上风向、上水位，另外，多数工厂建在农村居住区之中，导致住区、耕地环境恶化，水源遭到污染。

商丘市通过降低城镇企业的准入要求，加强城镇工业园区的规划和建设，吸引城镇企业到此落户，既避免了发展过程中"空壳镇"的出现，又便于对城镇企业造成的环境污染问题进行集中处理和监督、管理，在一定程度上降低了污染治理成本，取得了经济效益和生态效益的双赢。

⑨绿色通道建设

城镇绿化的总体目标是通过绿化营造出更生态化、人性化、艺术化和特色化的城镇人居环境。而绿化的主要任务是改善生态环境、打造城市景观和可以进行休息、交流、避灾的功能性场所。可以说，绿化不仅是城市必不可少的有机成分，而且是城市的生命线。

城镇绿化覆盖率至少达到30%才能起到改善气候的作用，因此，该时期的生态建设目标是林木覆盖率达到25%，小城镇绿化覆盖率提高到35%，建设用地平均的绿地面积应占城镇建设用地的8%～15%，人均公共绿地达到9平方米以上。

以陇海铁路、310国道、连霍高速公路、105国道、311国道、郑宿公路、民荷公路、虞单亳公路、商鹿公路、夏亳公路等构成的交通网络为骨架，商丘市建设了绿色廊道。在公路和铁路两侧种植树木，形成浓阴夹道，既可以降低交通噪声，又可以减少风沙。

小城镇内交通要道的绿化应当注意与绿色廊道的衔接，使之成为商丘市绿色风景线的重要组成部分，创建生态园林型城市和乡镇。城镇旧城区的绿化应做到见缝插针，新城区的绿化则可以采用点、线、面相结合的方式。

境内惠济河、大沙河、沱河、涡河等河流及其支流构成的水网是商丘市绿色风景线的良好支架，加强沟渠的"林网化"建设，合理布置绿化树种，使其既发挥生态功能，又具有景观欣赏价值，全面提升商丘市城镇的品位。城镇内河、湖等水体及铁路旁的防护林带宽度应不小于30米。

为了建立完善的农林系统，商丘市在旱地农作物中引入了多年生植物泡桐等，又引进了玉米，并扩大棉花和豆类这两种农作物的种植比例，使旱田接近生态位饱和状态。这种农林系统不仅有利于控制病虫害，还可以增加新产品，提高经济效益。总之，农林系统是一种多组分，时间、空间上配置合理，物种间互惠共生，有利于光、水、热、土地资源被充分利用的生态系统。该系统中所形成的特色生态景观可以成为商丘市城镇生态建设的代表。

城镇中的居住区、工厂、机关单位、学校等都有一定的空地，在这些空地上建立生态经济型林业体系，既可美化环境又能增加经济效益。居住区的公共空间中可种植国槐、银杏、毛白杨、垂柳、侧柏等；每户的院落中可栽植苹果、梨、枣、柿子、葡萄等水果果木以及花卉。机关单位、学校和未遭到严重污染的工厂内可种植树木、花卉、草坪，并配以亭、台、楼、阁等。在遭到严重污染的工厂四周，种植的树种应以防污能力强的垂柳、侧柏、悬铃木、加杨等为主。

总之，通过10年左右的生态建设，当地恶化的生态环境状况已得到了整治，中心市区和重点城镇已拥有十分优美的生态环境，其他城镇环境质量也有明显改善。商丘市不但水、空气、声环境质量得到全面提高，而且城镇布局合理、资源利用效率高、基础设施完善，与现代化水平相适应。

（2）2010～2020年的生态建设目标——塑造生态特色城镇

随着商丘市经济发展步入快车道，城镇居民收入显著增加，城镇品位也得到了提升，生态建设的主题也由基本生态功能的完善向城镇综合功能的发展转变。商丘市依据城镇的生态基础和环境要素，并结合城镇经济的特色，制定了2010～2020年的生态建设目标，即建设特色城镇，实现生态功能与城镇文化的和谐与统一。

①黄河故道沿线小城镇——故道明珠

商丘市境内北部地区的黄河故道西起民权县，东至虞城县，全长134千米，总面积约1520平方千米。故道内林茂粮丰，大面积的湿地、草滩构成了典型的河谷景观，且为水生生物提供了良好的生存环境。黄河故道沿线遍布水库、湿（注）地及防护林带，是商丘市重要的生态基地，也是水源涵养地，适合重点发展风景旅游业，以及其他与生态环境保护、风景旅游业没有冲突的产业。故道周边自西向东分布有如下17个乡镇：民权县的城关镇—胡集镇回族乡—林七乡—孙六乡—老颜集乡—王庄寨乡；梁园区的孙福集乡—谢集镇—李庄镇—刘口乡；虞城县的贾寨镇—八里堂乡—利民镇—田庙乡—刘集乡—乔集乡—张集镇。

随着河南省"黄河旅游带"的开发与建设，黄河故道周边乡镇可以以商丘古城为中心，围绕战略重点镇，如城关镇、张集镇、利民镇和谢集镇，形成纵向的黄河故道生态小城镇群。这些城镇在空间形态上可呈串珠状，采用"点—轴"的发展模式，并结合自然景区的培育与城镇建设，成为故道生态旅游明珠。

②历史名城和重镇——古城风韵

商丘市众多的历史文物保护景点散布于十几个城镇中，造就了独特的城镇景观和文化氛围。其中商丘古城和芒山镇因其文物极具考古价值，并且保存完好，成为了历史名城和历史重镇。

（九）甘肃省嘉峪关市新城农业高新技术观光示范区概念规划

1．规划理念概述

该项目场地位于甘肃省嘉峪关市新城镇，紧邻巨龙般的长城，因此，规划的核心理念为打造"龙腾新城"。

2．规划结构

该项目的规划结构可概括为："核心引领""三区协同""一路三段""一带延展"。

（1）"核心引领"——以现存道路和规划中的龙形道路的相交处作为整个示范区的核心，并以旅游集散广场作为功能分区和人流疏散区的重要枢纽。

（2）"三区协同"——三区包括：由旅游服务区和专家公寓区组成的生态新城示范区；由种植区以及农产品储藏区组成的绿色经济植物观光区；由养殖区和农产品加工区组成的活态农业观光区。

（3）"一路三段"——以东西向贯穿于整个示范区的龙形大道，不仅承担着园区主要的交通功能，同时也是示范区的景观大道。龙形大道由东向西依次串连起活态农业观光区、绿色经济植物观光区以及生态新城示范区这三大功能区。

（4）"一带延展"——沿现存道路两侧设立带形旅游服务区，并使其与龙形大道垂直相交，南北向延展，依次布置特产店、购物步行街、旅游集散中心、酒店、农家乐商业区以及美食广场等。

表4　规划区技术指标表

功　能　分　区			占地面积（万平方米）	建筑面积（万平方米）
活态农业观光区	养殖区	天山马鹿养殖基地	21.3	2.4
		西部优质肉牛和羊养殖基地	34.6	3.6
		微生物菌肥生产厂	13.1	1.7
	农产品加工区	养殖饲料加工厂	8.6	2.8
		优质果蔬加工厂	8.4	2.6
		高档保健鹿制品加工厂	9.1	2.8
		牛羊屠宰及切割小包装牛羊肉加工厂	9.2	2.5
		红花籽油加工厂	12.8	2.3
绿色经济植物观光区	种植区	苗木种植基地	9.6	0
		薰衣草种植基地	19.8	0.2
		果林种植区	10.0	0.6
	农产品储藏区		6.6	2.0
生态新城示范区	旅游服务区		25.6	20.7
	专家公寓区（共167栋，每栋331平方米）		42.6	8.7
绿　地			13.2	
道路及其他			5.7	
总　计			250.2	52.9

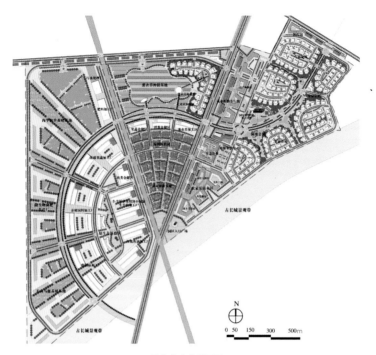

最终方案总平面图

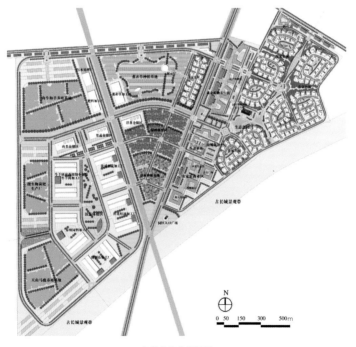

备用方案总平面图

（十）旧城的改造与更新——江都市龙川商业步行街及龙川花园居住区规划

1. 项目背景

该项目位于江苏省江都市城区的中心区，东起三元路，西至利民路，南至解放路，北至老通扬运河一线。该区域为江都市的城市发源地，有许晓轩故居等遗存，市人民医院也设立于此，具有相当重要的作用。

场地东西长 420～450 米，南北宽 130～150 米，总占地面积约 53 333.3 平方米。场地北侧为通扬运河，沿河绿地的宽度为 20 米，内设宽度为 7 米的道路；西侧为利民路，建筑后退红线至少 6 米；东侧三元南路道路红线为 36 米，建筑需后退至少 3 米；南侧解放路道路红线为 20.5 米，建筑需后退至少 3 米。

该项目傍依通扬运河，拥有宝贵的景观和生态资源，东西两端都设有过河大桥，地理位置优越。更为重要的是，该区域作为江都市的发源地，具有一定的历史文化优势，因此，开发龙川商业步行街的条件已经成熟。

鸟瞰效果图

2．设计原则

（1）贯彻"树立品牌"的原则，以展示江都市龙川街的历史商业文化特色以及建设江苏省精品商业区项目为目标，将带有传统文化风格的马头墙、水巷与现代商业休闲空间相融合，作为形象定位基准，打造具有鲜明的时代感和历史文化品位的品牌商业区和居住区，体现以人为本、兼收并蓄的时代特色。

（2）贯彻"打造生态商业区和居住区"的原则，利用场地北侧毗邻通扬运河的位置上的优势，营造亲水商业空间和生态型的现代居住区，使水体空间、绿化空间、购物休闲空间与居民生活空间相融合，商业组群、住宅组群与自然环境相融合，从而体现人与自然和谐共存的思想。

（3）贯彻"以人为本"的原则，以建设舒适、安逸的商业休闲环境和居住环境为设计目标，满足居民物质与精神上的需要，创造一个布局合理、功能齐全、交通便利、环境优美的现代社区。

（4）贯彻"可持续发展"的原则。一方面为了使文化得到延续，力求继承与发展原有龙川街的商业氛围和江南建筑特色；另一方面则根据市场需求来实行滚动式开发与分期建设，将可持续发展的指导思想贯彻于规划设计与工程建设和管理中。

（5）贯彻"可操作性"的原则，如考虑商业街与西侧街道形成衔接，与南侧商业区保持连通，并尽量保留分块开发的可能性，为未来的发展指明方向的同时也留有余地。

3．方案比较

（1）分区

该项目最初的分区方式有两种。

其一，自东向西横向分区。这样分区的好处在于突出了南北向通道的作用，可以将该项目区域以南的城区与北侧的运河直接联系起来，而滨河绿地正是当今中国乃至世界的城市生态发展的热点，这对有效利用生态资源以及提升地块的人气有很大的积极作用，另外，各区块内部也比较集中；但这样分区的缺点也比较明显，对区块的分割过于细碎，破坏了原有商业街的连续性，商业与居住的分区也不够明确。

其二，自北向南纵向分区。这样分区的好处在于使南侧的商业空间富于变化，同时也可使其与街道合理地分隔开来，从而营造良好的商业环境；而其缺点也很明显，由于场地南北向较狭窄，再加上日照间距的要求，分区后南北区块内的建筑内部空间都不大，住宅数量也会受到影响，而且北区块被住宅占据，为了保留亲水空间，还需在商业区内部设置浅水池。

通过分析这两种分区方式的优缺点，该项目得出了更为合理的综合性分区方式，即对整个场地进行南北向分区，通过中间的曲线进行线性的分割，使南北两个区块都能得到有节奏的收放。南区块在放大的区域上形成集中商业组团，缩小的区域形成连廊；北区块在放大的区域形成住宅组团，缩小的区域作为公共绿地。保留南北向的生态通道，并打造优美的水体景观，同时又不干扰交通，这样各个区块都得到了最有效的利用。

（2）"龙"与"川"

分区之后，"龙"与"川"成为了该项目形态上的重要特色。

"龙"——"龙脉"作为主轴线，贯穿调整后的新龙川商业步行街。其曲线形在功能上的巨大优势是使商业区和居住区相互咬合，避免了建筑之间消极空间的出现，尽量将南北向不算宽敞的空间进行充分利用；而在形态上，它既有江南古典街市的曲折韵味，又有现代景观的流动感，使商业空间更加丰富。另外，这种曲线形带给人们关于龙的联想，则是商业步行街兼具地域和历史特色的体现。

"川"——即南北向的三条生态通道。最东边一条即现有的玉带河，另两条为人工浅水池。用这样三处水体来强化场地南侧的城区与运河滨河地区的联系，不但不干扰交通，还能改善商业区和居住区的景观和小气候。

4．功能布局

（1）龙川商业步行街

相对于原有街道，新的龙川商业步行街街道在线形和尺度上做了较大的调整：第一，采用曲线形的设计方式使南侧的商业步行街和北侧的龙川花园居住区能够实现对土地的有效利用，并使这两个区块相互咬合；第二，对商业步行街的功能和空间进行分段（现自东向西初步拟为小商品商业区、服饰商业区、饮食商业区、中心广场综合商业区、文化商业区、休闲商业区），使街道连贯、统一的同时呈现出多种主题，即通过分段的方式进行开发；第三，根据现代商业步行街集购物、餐饮、旅游、休闲于一体的特点，将街道放宽，与绿地、树木、水体、文化小品、服务设施相结合，并在每个商业组群中设置小广场，使传统的购物、休闲活动变得更加轻松、惬意；第四，考虑历史文化特色和地域特色，采用灰顶白墙、马头墙、坡屋顶、过街天桥等元素使街道特征鲜明，并设置文化小品，营造文化氛围；第五，主街中留下 5 米宽的临时车道，可满足早晚货运需要；第六，临解放路南侧的场地应作为辅助主商业街的次商业界面。

（2）龙川花园居住区

龙川花园居住区位于商业步行街与滨河绿化带之间的地块。该区南侧与商业步行街的交通互不干扰，通过几处水体景观和中心绿地向滨河区开放，其组团绿地完整，临河的位置也使其拥有了丰富的景观资源。

①住宅户型

龙川花园居住区的房型包括四种：

A型——多层，两室两厅，每户建筑面积约110平方米（不含底层储藏室）；

B型——多层，三室两厅，每户建筑面积约130平方米（不含底层储藏室）；

C型——多层，四室两厅，每户建筑面积约150平方米（不含底层储藏室）；

D型——小高层，两室两厅，每户建筑面积约110平方米（不含底层储藏室）。

另外，每种户型的顶层跃层住户还可额外获得约25平方米。

②住宅造型

龙川花园居住区以具有现代江南风情的住宅为主，既能体现江南水乡的地域特色，又具备现代感，美观、新颖、简洁、明快、流畅。住宅采用了坡屋顶，南侧沿商业街的住宅和北面小高层住宅的不同高度营造出了丰富的天际线。另外，住宅极其重视细节设计，以增强其观赏性和识别性。

（3）保留建筑

该项目西侧的市人民医院通过乔木树阵与商业街形成隔离；条件允许的情况下可考虑在许晓轩故居与商业建筑之间设置通廊，使参观流线一体化；原武装部也是在条件允许的情况下被改造成了商场，与商业步行街融为一体。

5．道路交通

（1）出入口和道路交通

龙川商业步行街区设有三个主要步行入口，主入口在华联商厦所处的路口处，其余两个分别设在步行轴线的东西两端。由于沿轴线留有一条定时通车的货运和消防车道，故其左右两侧也可设置临时的车行出入口。龙川花园居住区以滨河绿地内的道路为干道，由此引出支路，往南进入宅间区域。

（2）静态交通

位于龙川商业步行街区南侧的丁字路口附近设置了机动车停车场，并采用部分室外植草砖与部分建筑底层架空相结合的方式。在东西两个入口附近设置沿街的自行车停放场，主要采用室外铺地的方式，局部采用建筑底层架空的方式。

龙川花园居住区的各栋住宅也都采用了底部架空的方式，作为机动车和自行车的停放空间，另外，沿滨河道路附近设置了许多临时停车位。

6．景观设计

（1）景观轴线

"龙脉"作为主轴线，贯穿调整后的龙川商业步行街，其中的建筑、广场以及各种设施都依此展开，同时，在主入口还有一条通向滨河的景观轴线，使商业步行街的中心区具有丰富的、多层次的视觉效果。

（2）景观节点

沿着"龙脉"主轴线，从东边的"龙头"至西边的"龙尾"设置了9个主题空间，包括两端的入口广场、中间主入口处的中心广场和6个主题商业空间；除此之外，还在解放路沿街面的端头和龙川花园居住区中心绿地中设置了12个景观节点，具体效果可参考节点示意图1～12。

（3）水系

水系构成了为整个地块带来活力的三条南北向生态通道，最东边的一条是玉带河，另两条为人工浅水池。三处水系形成依托"龙"轴的"川"意象，增加了商业街的文化内涵。

（4）历史文化体系

首先，通过建筑空间格局、建筑立面分割来唤起人们对于当地历史的记忆；其次，沿着"龙脉"主轴线，设置历史诗词碑林、名人纪念塑像、文化交流广场、文化纪念品销售点、工艺照明灯光和小品等小型点缀物，将文化与商业和休闲做到更巧妙的结合；最后，商业空间与许晓轩故居等历史遗迹相结合，以促进商业发展的同时更好地保护文化遗产。

（5）休闲服务设施

根据现代化商业街的各种功能，该项目对灯光设置点、电话亭、小卖部、休闲坐椅、茶坐的位置等都进行了充分考虑，为后期的施工留下充分的余地。

7．主要经济技术指标

表5　用地平衡表

编号	用地性质	占地面积（万平方米）	所占比例
1	住宅用地	1.91	34.05%
2	公建用地	1.58	28.16%
3	道路广场用地	0.67	11.94%
4	公共绿地	1.45	25.85%
5	规划总用地	5.61	100.00%

表6 综合技术指标

项 目		计量单位	数 值				合 计
龙川商业步行街	占地面积	万平方米	2.34				
	商业建筑面积	平方米	26480				
	停车位 机动车	个	55				
	自行车	个	200				
	容积率		1.21				
	建筑密度		45.1%				
	绿地率		15.2%				
龙川花园居住区	占地面积	万平方米	2.81				
	住宅占地面积	万平方米	A 型 多层 两室两厅	B 型 多层 三室两厅	C 型 多层 四室两厅	D 型 小高层 两室两厅	1.24
			0.08	0.46	0.42	0.28	
	居住户数	户	20	148	130	132	430
	户数比例		记入 D 型	34.5%	30.2%	35.3%	100%
	居住人口	人	70	441	455	462	1428
	户均人口	人／户	3.5				
	住宅建筑面积	平方米	2500	19500	19930	15720	57650
	公共建筑面积	平方米	2800				
	机动车 室 内 停车位 室 外	个	136				216
		个	80				
	自行车停车位	个	600				
	容积率		2.18				
	建筑密度		37.8%				
	绿地率		45.2%				
滨河绿地	占地面积	万平方米	0.46				
合 计	占地面积	万平方米	5.61				
	建筑面积	平方米	86930				
	停车位 机动车	个	271				
	自行车	个	800				
	容积率		1.55				
	建筑密度		39.8%				
	绿地率		37.5%				

表7 投资估算

项目内容	规模(平方米)	单方造价(元／平方米)	造价(万元)
商 场	29280	800	2342.4
多层住宅	42130	700	2949.1
小高层住宅	15720	1000	1572
桥 梁	2（座）	15（万元／座）	30
环境用地 (道路、绿化等)	33770	150	506.55
总预算投资			7400.05

仙女古镇风貌

江都市区位图

场地周边关系

区位图

总平面图

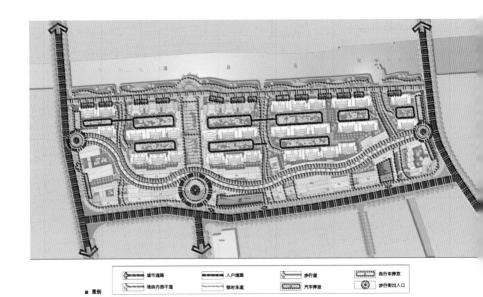

交通结构分析图

商业街区块分析图

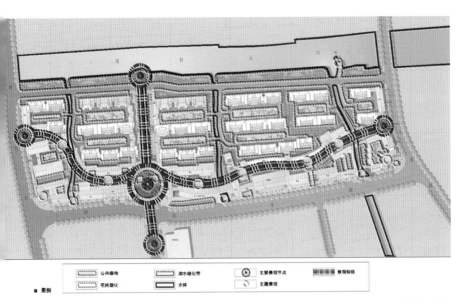

▣ 图例	公共绿地	滨水绿化带	主要景观节点	景观轴线
	宅间绿化	水体	主题景观	

绿化景观分析图

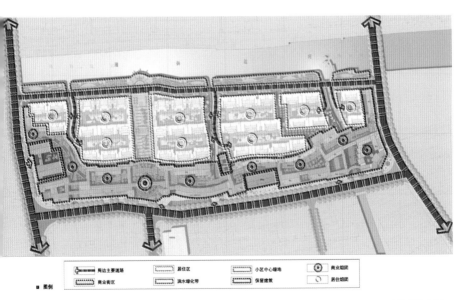

▣ 图例	周边主要道路	居住区	小区中心绿地	商业组团
	商业街区	滨水绿化带	保留建筑	居住组团

功能结构分析图

■ 龙川商业步行街沿街北立面图

■ 利民路沿街立面图

■ 三元路沿街立面图

■ 解放路沿街立面图

商业街沿街立面图

■ A 型住宅南立面图　　　　■ B 型住宅南立面图

■ C 型住宅南立面图

■ 小高层（D 型）住宅南立面图

主要住宅立面图

居住区中心绿地处住宅透视图

三元路与解放路交叉口处建筑透视图

节点示意图 1——亲水广场透视图

节点示意图 2——商业街东入口空间透视图

节点示意图 3——商业街主入口空间透视图

节点示意图 4——商业街空间透视图之一

节点示意图 5——商业街空间透视图之二

节点示意图6——商业街空间透视图之三

节点示意图7——商业街空间透视图之四

节点示意图8——商业街空间透视图之五

节点示意图 9——商业街空间透视图之六

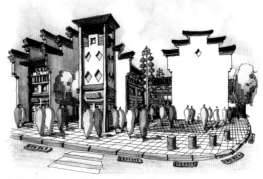

节点示意图 11——居住区入口空间透视图之一

节点示意图 10——居住区中心绿地透视图

节点示意图 12——居住区入口空间透视图之二

（十一）山东省东营市水产城规划

1. 项目概况

东营市位于黄河三角洲地区，濒临渤海，是"海上山东"建设和黄河三角洲开发两大跨世纪工程的结合部。市委、市政府把海洋与渔业的发展列为农村经济发展的两大主导产业。2001年东营市浅海养殖面积已经达到约330.67平方千米、滩涂养殖面积发展为约170.67平方千米、卤虫养殖面积约175.33平方千米、浅水养殖面积约235.33平方千米，全市水产产品已达29.09万吨，主要名特优品种就达14.55万吨。但是，由于该市水产市场体系还不完善，专业水产市场建设滞后，特别是中心城区还没有一处规模大、档次高的水产市场，生产与流通脱节，甚至出现了"卖鱼难"的现象，严重制约了经济的发展。总体上，该项目的前景是广阔的，四通八达的公路网可直通济南、青岛乃至天津、北京，加上东营海港的建成和东营机场的启用，必将使东营水产城成为南北货对流以及周边地区水产品零售、批发的集散地。随着城镇居民消费水平的提高，从完善城市建设功能的角度出发，建设东营水产城是十分必要的。

该项目位于东营市西二路西侧，济宁路以南约500米，老广蒲沟以北约150米。其中一期工程场地四周边长分别为322米、216米、310米、216米，占地面积为68 200平方米；二期工程占地面积为59 500平方米。

2. 设计原则

（1）坚持以城市总体规划为依据的原则。为了适应东营市的经济发展战略，水产城的开发建设应以东营市总体规划为依据，完善东营市的水产品销售体系，深化其功能布局，带动城镇建设和商业的发展。

（2）坚持整体性原则。街区的场地功能、道路系统、景观环境均与东营

一期工程东面沿街立面图

一期工程南面沿街立面图

城区相互衔接、协调，形成一个有机的整体。街区的场地布局先从整体出发，再考虑分期建设，做到经济效益、环境效益与社会效益的统一。

（3）坚持可持续发展和可操作性的原则。以高水平、高标准、高起点为原则进行规划设计，有效地利用土地。以现代化绿色街区为规划和开发建设的目标，营造现代的市场环境。市场的规划建设本着统一规划、分期建设的可持续性发展原则，注重规划的超前性，兼顾开发与建设实际，使规划具有弹性和可操作性。

3．功能定位

在商贸场地上建设以水产品批发为主的大型市场，其中设有鲜活水产品和干品水产品的交易大厅，各类水产品交易的租赁商店，冷冻水产品的储藏和销售区，餐饮、娱乐等生活配套设施，办公设施，停车场。

4．设计构思

（1）功能分区

该项目的一、二期工程分别设计了一套相对完整和独立的功能分区，便于分期的建设和使用。

①一期工程

•鲜活水产品和干品水产品的交易大厅

鲜活水产品和干品水产品交易大厅合二为一，共同布置于场地中心，被周围的小型销售空间、水产商业街环抱。其庞大的功能空间成为了一期水产城的重心。大厅北侧布置有两块大面积的绿地，以改善商业环境。建筑内一层布置鲜活水产品交易区，二层布置可通过玻璃天窗俯瞰一楼的干品水产品交易区，二者被分隔开来以避免不必要的干扰，同时又可通过玻璃天窗共享商业环境。

•水产品租赁销售街

水产品租赁销售街由东向西形成半包围状，沿街的建筑空间主要为一个到多个开间的水产品租赁销售商店，其规模和商业环境与交易大厅形成对比。交易大厅的西南侧布置了一排一层的店面，实现了商业步行街的回转，同时又可与二期水产城的商业空间形成延续。

•冷库及冷冻品交易区

冷库与冷冻品交易区设置于交易大厅的西北侧，其前面有一片室外活动区，可扩展为临时商业区，也可供顾客休息。

•生活配套设施

一、二期工程场地之间的道路人流量较大，故考虑沿线设置餐饮、娱乐设施。其中一期工程在南侧布置了商业一条街，以满足居民生活上的需要。

• 办公设施

办公设施设置在了场地的北侧，以与商业区分隔开来。

• 停车场

停车场设置在了场地的西侧。

② 二期工程

主要的商业空间基本保持在中央的弧线形的主轴沿线上，鲜活水产品和干品水产品交易大厅布置在场地中心，生活配套设施沿街设置在场地的北侧，其他各个功能区也都依附于弧线形主轴旁。

（2）交通组织

一期工程采用人车分行的交通体系。沿鲜活水产品和干品水产品交易大厅的车行环线与外部道路贯通，形成内部的运输通道。水产品租赁销售街则形成于车行环流中，成为尺度适中的步行流线。

二期工程的内部运输线路沿弧线形的主轴而形成，同时它也是主要的景观轴，商业区便依附于其两侧。

（3）绿化景观

一期工程的绿化重点在鲜活水产品和干品水产品交易大厅的外围，它们的北侧还有两片主要的景观绿地，具有改善商业环境的作用，而西侧的区域为绿化、硬地、建筑相结合的室外活动区，可作为室外销售点，也可供顾客休憩；水产品租赁销售街的步行环境也应由绿化来支撑，点与线结合的沿街建筑面配以过街廊和建筑小品，营造出了富于变化的商业环境。

二期工程由一条绿色的弧线主轴贯穿整个区域，商业环境更加宜人，其中还设置了小型建筑来支持相关配套服务或休闲活动。

在城市道路沿线的形象设计上，重点放在沿西二路的入口立面及一期工程南侧的沿街面。前者由于面向城市干道，代表了水产城的形象，是水产城的标志，因此，采用了局部升高为三层以及在入口处设计背景连廊等办法，加强体量感与纵深感；后者则主要通过营造虚实变化效果的方式来增强商业吸引力。

5. 电气设计

（1）负荷估算

	一期工程	二期工程
照明：	573 kW	600 kW

空调： 150 kW   220 kW

动力： 50 kW   200 kW(包扩冷库 150 kW)

其他： 50 kW   50 kW

合计：1893 kW   乘以参差系数 0.7 $P=1325$ kW

选择 800 kVA 变压器两台

（2）电源

①由供电局提供一路 10 kV 高压电源作为常用电源。

②由供电局提供220/380 V低压电源作为备用电源,主要用于消防系统。

（3）供电系统

①该项目的照明整体上属三类负荷,高压配电室、变压器室、低压配电室均设于水产城变配电间。

②消防系统及部分公共照明属一类负荷,在线路末端,常用和备用线路经行自切。

（4）配电系统

①高压柜采用金属铠装式开关柜、干式变压器以及抽屉式低压配电屏。

②照明

水产城内设有普通照明、事故照明、应急疏散照明。办公区及生活区以日光灯为主；交易大厅及交易市场以金属卤化物灯为主,照明照度为150～300 lx。

③敷线方式

从水产城内的变电所引至各建筑物的电源采用 1 kV 的 YJV 22 交联聚乙稀电力电缆,并且直接埋地敷设。鲜活水产品交易大厅为玻璃钢屋面,由厅内配电箱引至照明及动力用电线路,并采用 BV－500 型铜芯塑料线沿线槽和电线管在钢屋架下弦敷设,电线管外刷防火涂料。钢筋混凝土结构楼房的各单体配电箱采用 BV－500 型铜芯塑料线,并且穿过阻燃性塑料管沿墙或埋地暗敷。

④保护措施

• 采用 TN－S 接地系统,凡不带电的金属设备外壳均做接另保护；

• 采用联合接地方式,其接地电阻不大于 1Ω；

• 设专用接地线,导线颜色为黄色和绿色。

⑤防雷接地

水产城采用了三种防雷设计方式,屋面采用镀锌扁钢并沿女儿墙敷设成避雷带。

（5）消防系统

在水产城内的饭店及娱乐场所集中设置报警设施，并设立一处消防控制中心，按各房间的使用功能安装烟感探头或温感探头，按消防分区布置手动报警按钮。一旦发生火灾，消防中心接到报警后能立即起动消防泵、喷淋泵，同时发出报警信号。

（6）弱电设计

①电话系统

● 在水产城二层设总机房一间；

● 电话交接间采用三根 $\phi 76$ 钢管埋地并引至室外，预留电话局进线；

● 电话设置联合接地系统。

②有线电视（CATV）系统

● 水产城底层留有一根 G32 钢管埋地并引至室外与当地有线网连接；

● 在水产城内用于进行培训的教室及学员的寝室内设置有线电视终端盒一个。

6．给水排水设计

（1）给水工程

①水源情况

该项目为新建工程，通过城市自来水管网为场地提供给水水源，分别从西二路和南一路引入两条给水管网，在场地内形成环管，从其中一路上再接出一路，并加装水表，作为生活给水管。

②给水量估算

● 该项目日用水量最高为 $600\,\mathrm{m}^3$，每小时用水量最高可达 $65\,\mathrm{m}^3$；

● 该项目消防用水量：室内消火栓用水量为每秒 $40\,\mathrm{L}$；室外消火栓用水量为每秒 $30\,\mathrm{L}$。

● 室内自动喷水灭火系统用水量为每秒 $25\,\mathrm{L}$。

③消防给水系统

● 该项目室外消防管网为低压系统，采用地上式三出水消火栓，由场地环状消防管网直接接出，并保证其间距不大于 $120\,\mathrm{m}$。室内按规定配置手提贮压式干粉灭火器。

● 室内消火栓系统采用稳高压给水系统，并由消防主泵、稳压泵、稳压罐、水泵接合器及管网组成。

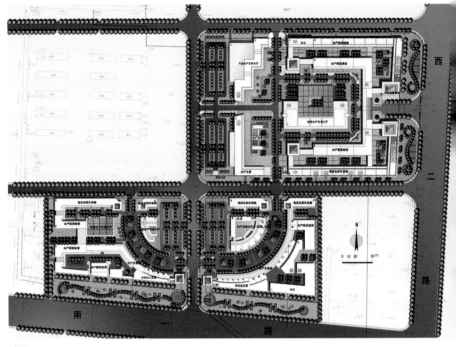

总平面图

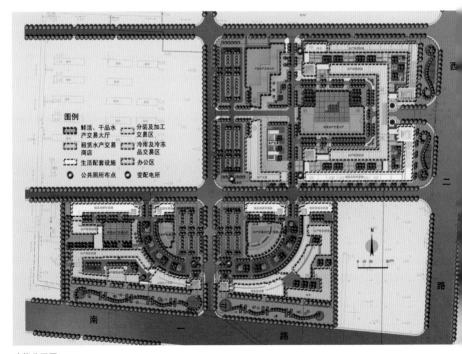

功能分区图

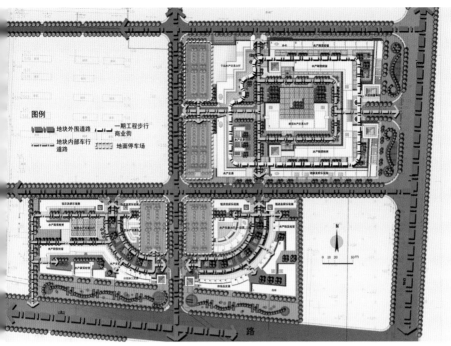

交通组织分析图

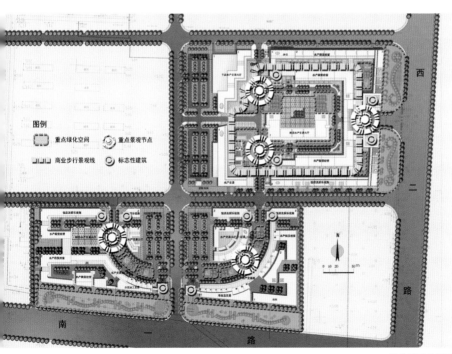

绿化景观分析图

- 水产城内的餐饮及娱乐设施等都设置了自动喷水灭火系统，并配以稳高压给水系统，该系统由喷淋主泵、稳压泵、稳压罐、湿式报警阀、水流指示器及管网组成。

（2）排水工程

该项目的排水系统所采用的排水方式是雨水和污水分流制。按山东省的暴雨强度计算，设计重现期为一年，雨水在场地内汇合后，一部分就近排入市政雨水管网，另一部分排入场地南侧的广蒲沟；污水汇合后经地埋式污水处理站处理，最终排入场地南侧的广蒲沟。

（3）材料与连接方式

①室内给水管道采用的是钢塑复合管，并采用沟槽式的连接方式；排水管道采用的是硬聚氯乙烯管，并用粘接的方式连接起来。

②室外埋地给水管道采用硬聚氯乙烯管；排水管道采用 UPVC 加筋埋地排水管，并用橡胶圈承插连接。

③消防管道采用热镀锌钢管以及丝接、丝扣法兰或卡箍管（沟槽式）接头。

7．经济技术指标

总占地面积：127 700 m^2

一期工程		二期工程	
总占地面积：	68 200 m^2	总占地面积：	59 500 m^2
建筑占地面积：	27 960 m^2	建筑占地面积：	26 770 m^2
建筑密度：	41%	建筑密度：	44.99%
总建筑面积：	44 775 m^2	总建筑面积：	31 910 m^2
鲜活水产品交易大厅建筑面积：	5800 m^2	鲜活水产品交易大厅建筑面积：	4360 m^2
干品水产品交易大厅建筑面积：	4120 m^2	干品水产品交易大厅建筑面积：	2235 m^2
水产租赁店面建筑面积：	23 600 m^2	水产租赁店面建筑面积：	14 985 m^2
生活配套设施建筑面积：	6600 m^2	冷冻品交易区建筑面积：	2180 m^2
办公建筑面积：	2600 m^2	冷库建筑面积：	1840 m^2
分装加工交易区建筑面积：	1055 m^2	生活配套设施建筑面积：	6310 m^2
公共建筑面积：	1000 m^2		
容积率：	0.61	容积率：	0.57
停车位：	224 个	停车位：	204 个
绿地率：	22%	绿地率：	23%

（十二）商业建筑景观与环境——江苏省连云港市中德商业广场

1．场地概况

该项目位于连云港市新浦区商业中心区，东临通灌路、西临轻工商场、南临解放路、北临市化路，总占地面积为 24 720 m^2。场地方整平坦，周边为环形城市道路，其中解放中路为重要的商业街，通灌路为城市主要街道。

2．设计原则

（1）合理安排功能布局，尽可能地发挥市场的潜能；

（2）坚持以人为本，创造舒适的购物环境；

（3）造型新颖，空间丰富，注重建筑群体空间的设计。

3．总体布局

中德商业广场中的建筑主要包括宾馆与商场。商场为三层裙房，分东西两部分，宾馆为十二层，二者通过连廊形成连接。商场与宾馆的入口相通，宾馆布置在场地中部偏北的位置，其东、西、北三侧留有一定空间的绿化广场来组织交通，宾馆南侧与商场裙房相连。商场的东西两部分相互对称，由天桥与南入口广场将二者连接起来；此外，南入口广场既可作为商场裙房的

透视图

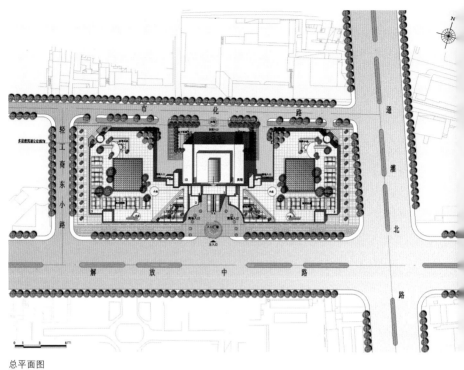

总平面图

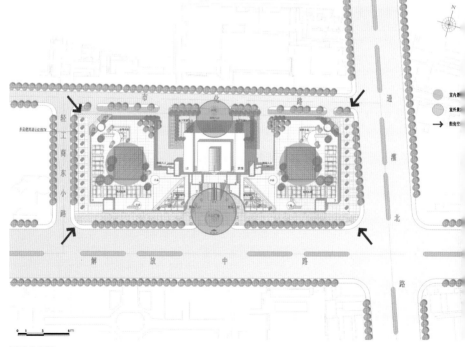

景观分析图

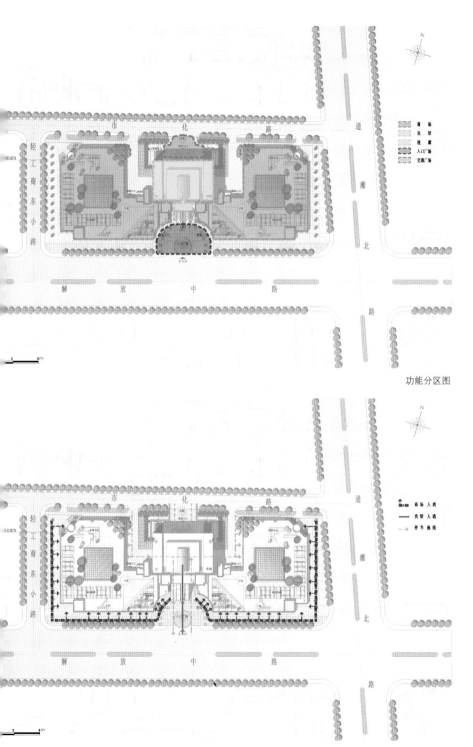

功能分区图

交通分析图

室外集散地，又是组织人车分流的区域。东西商场裙房内均设中庭，并进行了绿化设计，创造出了良好的室内环境，可作为休憩场所。停车位主要设置在场地北侧的广场上，部分停车位在商场北侧的夹层下；除此之外，宾馆还有地下车库可供停车，自行车可停靠在商场东侧和西侧的人行道边上。宾馆与商场紧密结合，形成了统一的群落空间。

4．交通组织

该广场中的建筑四面临街，其中东、西、南三侧均设置了沿街商铺。商场主要入口分设于场地中部、东南、东北、西南和西北方向，另外，商场东西两部分的北侧均设置了疏散出口。而宾馆主入口设于南广场上，小型机动车可直通底层观光电梯厅，人流可由自动扶梯和楼梯直达宾馆二层的大堂，宾馆一层作为停车场，车流可由南、北两个广场进入；宾馆地下行车可由北广场进出。此外，广场的东、西两侧利用建筑退距所形成的空地作为自行车停车位，为更多人进行购物、休闲和娱乐等活动提供了方便。

5．建筑造型

中德商业广场中央设有音乐喷泉，是建筑群体中的精华。商业建筑的总体设计具有简洁明快、疏密适中等特点，既有浓厚的商业氛围又有高雅的文化品味。此外，设计师引入了西方的设计理念，采用精致、典雅的欧式线角，展现了独特的现代主义风格。宾馆位于广场中心，是该商业区的标志性建筑。观光电梯是整个商业广场的中心，与自动扶梯共同构成了现代化商场的标志。

6．建筑的结构与设备

宾馆整体采用框架结构，核心筒居中，观光电梯为全透明式，可由底层直通顶层观光餐厅和风味餐厅；商场整体采用大跨度框架结构，其中中庭屋顶采用的是钢网结构，材料为透明的彩色玻璃。在夜晚，商场的屋顶花园既是人们的休闲娱乐场所，又可与宾馆形成对景关系。商场和宾馆均采用集中冷热空调，商场的楼顶上还安装了热泵机组。

7．建筑布局

商场：

一层：北侧设置了停车场，部分夹层设置商铺，东侧设诊所，并与通灌路东侧的医院相呼应，西侧设各种小吃店。

二层：设置家电、家具和精品服装等销售区。

三层：设置用以出租的小店铺。

屋顶：设置观光花园与空调机房，由甲方统一施工与管理；此外，还设有一部分娱乐用房，可用来招商引资。

宾馆：

地下层：设置停车场。

一层：架空层设置停车场、厨房和观光电梯厅。

夹层：设置备用房。

二层：设置大堂、酒吧等。

三层：设置会议中心。

四～十层：设置标准客房、套房。

十二层：设置观光餐厅和风味餐厅。

8．消防设计

（1）宾馆与商场四周设环形道，消防车可从南广场通过商场连廊进入北广场。

（2）室内营业厅内任何一点至最近安全出口都在 20 m 内，中庭四周设防火卷帘门，商场与宾馆都安装了烟感报警器和自动喷淋设备。

9．经济技术指标

总占地面积：	24 720 m²
总建筑面积：	38 034.45 m²
商场面积：	29 809.51 m²
宾馆面积：	8224.94 m²
容积率：	2.4
建筑密度：	45.83%
绿化率：	22.61%
小汽车车位：	126 个
自行车车位：	2000 个

（十三）上海外国语大学校门设计

1. 作为上海外国语大学的门户，该项目以优美的曲线立面为切入点，并结合了西侧新建的出版社大楼顶部的造型，力求能够与整体环境协调与统一。

2. 校门设计与环境相融合。校门的设计与周围的水体、绿地、休闲场地、停车场地相结合，力求成为具有独特的场所精神和文化感的标志性景观。

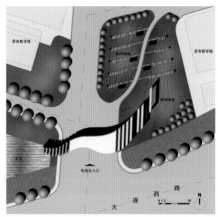

总平面图

3. 校门包含弧面墙体、内侧柱廊和两侧的玻璃体，不但具有良好的照明作用，又达到了新颖独特、庄重舒展、素雅大方的艺术效果，体现了上海外国语大学的文化氛围和现代化气息。

透视图之一

透视图之二

（十四）浙江省东阳市别墅室内外环境设计

1．玄关设计

玄关设计对室内格局具有画龙点睛的作用，为使玄关空间更具观赏性并且方便客人更衣换鞋，设计师在玄关两侧设计了壁式储衣柜，柜门采用柚木饰面及局部描金线脚。由于东阳市的木雕制品闻名遐迩，故设计师采用了大型的圆形描金木雕作为玄关的主要装饰，同时在细部配以西式风格的装饰品。玄关中西合璧的设计风格既体现了中国的文脉与传统，也融合了西方气韵。此外，设计师在玄关对景墙两侧安放了一对兽雕，使其更具个性化色彩。

2．大堂设计

依据业主对风水的要求，大堂的设计以水景为主，并且采用较为大气和生动的布局方式。具有古典风格的描金方柱、双层拱形柱廊、大理石弧形楼梯以及二层高的共享空间，彰显了大堂大气的风格；金色流水壁、金鱼水池、金色兽头喷水群雕、金线米黄大理石喷泉雕塑（寓意财源滚滚）等"金"字景观，既使大堂具有象征意义，又突出了大堂的装饰效果，使其熠熠生辉。

3．主楼梯装修

为使大堂整体都具有大气的风格，拟将原楼梯低矮的栏板拆除，采用宝瓶栏杆。栏杆的材料可为实木或大理石，具体情况根据预算而定。楼梯墙面配合大堂水景特点进行设计，采用了中式主题的浮雕装饰壁，与大堂的宏伟气势相统一。

4．客厅设计

由于原中庭整体布置了水景，所以原设定的客厅功能全部由一层的会客室承担。为塑造客厅的豪华格调，设计师采用了严谨的欧式古典对称布局方式，并在空间设计中采用了柚木饰面壁炉、大型落地镜面、扁铁藤蔓造型花饰、古典欧式石膏线等欧式造景元素，同时配以水晶吊灯、天鹅绒豪华窗帽、描金欧式家具等软装饰，营造出浓郁的法兰西风情，提供了一处温馨、典雅的会客场所。

5．餐厅设计

为满足节假日的宴请需求，该项目改变了原来的设计格局，以可分可合的、带有中国漆画饰面的折叠门取代了原来餐厅之间的隔墙，同时为了增加空间的使用功能，在餐厅附近设置了家庭酒吧，提高了餐厅的档次。

6．视听室设计

视听室采取了目前较为流行的影剧院平面布置方式，投影幕可以满足多人观赏的需求。该项目在视听室布置了卡拉OK台和自助酒吧，增强了娱乐性。

入口玄关效果图

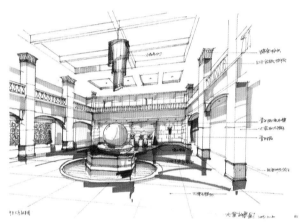

中央大厅效果图

一层客厅效果图

底层餐厅效果图

二层视听室效果图

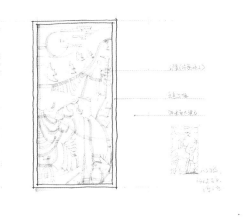

细部装饰图

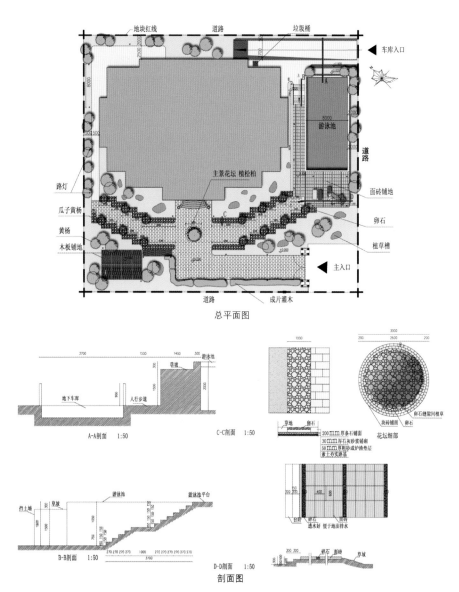

总平面图

A-A剖面 1:50

C-C剖面 1:50

花坛细部

B-B剖面 1:50

D-D剖面 1:50

剖面图

视听室在装饰上体现的也是欧式风格，装饰材料以地毯、壁纸、软包等吸音材料为主，同时配以较好的环绕声系统。

7. 庭院设计

室外庭院以几何图案进行布局，与建筑主体的欧式风格相协调，主入口严谨、整齐又不显呆板。游泳池踏步扶梯适当抬高，不但温馨、舒适且视线隐蔽。庭院绿化亲切宜人，常绿灌木与落叶灌木互相搭配，高低错落，一年四季都有变化，并在局部以花草进行点缀，鲜亮活泼、富有生气。整个庭院的草皮、石头、路灯、花台、卵石各就其位，丰富多彩、美观大方。